U0394111

公差配合与机械测量

主　编　朱航科
副主编　王　丽　张　莹
参　编　刘佳敏　张　瑶　宋　博

北京理工大学出版社
BEIJING INSTITUTE OF TECHNOLOGY PRESS

内 容 简 介

本书共分9个项目，主要内容包括绪论、尺寸公差与检测、几何精度识读与检测、表面粗糙度检测、圆锥公差与检测、键和花键公差与检测、滚动轴承公差与检测、螺纹公差与检测、齿轮误差与检测。本书以机械零件的几何量检测为主线，以工作任务为导向，按"教、学、做"一体化进行教学设计，采用最新国家标准，内容简明扼要，各学习项目均由问题引导，结合在线课程、课件、解题所需要的公差表格、课程评价，以配合教学所需。

本书可作为高等院校、高职院校机械类各专业的教材，也可供从事机械设计与制造、标准化、计量测试等工作的工程技术人员参考。

图书在版编目（CIP）数据

公差配合与机械测量 / 朱航科主编. --北京：北京理工大学出版社，2023.6

ISBN 978-7-5763-2490-7

Ⅰ.①公… Ⅱ.①朱… Ⅲ.①公差-配合-高等学校-教材②机械元件-技术测量-高等学校-教材 Ⅳ.①TG801

中国国家版本馆 CIP 数据核字（2023）第 112119 号

出版发行 / 北京理工大学出版社有限责任公司

社　　址 / 北京市海淀区中关村南大街 5 号

邮　　编 / 100081

电　　话 / （010）68914775（总编室）

　　　　　（010）82562903（教材售后服务热线）

　　　　　（010）68944723（其他图书服务热线）

网　　址 / http：//www.bitpress.com.cn

经　　销 / 全国各地新华书店

印　　刷 / 河北盛世彩捷印刷有限公司

开　　本 / 787 毫米×1092 毫米　1/16

印　　张 / 17　　　　　　　　　　　　　责任编辑 / 多海鹏

字　　数 / 386 千字　　　　　　　　　　文案编辑 / 多海鹏

版　　次 / 2023 年 6 月第 1 版　2023 年 6 月第 1 次印刷　责任校对 / 周瑞红

定　　价 / 79.00 元　　　　　　　　　　责任印制 / 李志强

图书出现印装质量问题，请拨打售后服务热线，本社负责调换

前　　言

"公差配合与机械测量"是高等职业教育与高等工科院校机械类各专业的一门重要技术基础课，包含公差与测量两方面的内容，把计量学和标准化两个领域的相关内容有机地结合在一起，与机械设计、机械制造、质量控制、生产组织管理等许多领域密切相关，是与制造业发展紧密联系的一门综合性学科，是机械工程技术人员与管理人员必备的基本知识和技能。

为贯彻落实党的二十大精神，推进新型工业化，加快建设制造强国、培养技能强国的技术人才，本书根据高等职业教育的实际需求，结合典型工作任务，以生产性零件的几何量检测为主线，以工作任务为导向，按"教、学、做"一体化进行教学设计，依照由简单到复杂、由单一到综合、由低级到高级的认知规律设计了9个项目：绪论、尺寸公差与检测、几何精度识读与检测、表面粗糙度检测、圆锥公差与检测、键和花键公差与检测、滚动轴承公差与检测、螺纹公差与检测、齿轮误差与检测。每个项目下分任务，每个学习任务均包含任务引入、学习目标、任务目标、获取信息、知识链接等内容。为了巩固教学效果，提高学生解决实际问题的能力，每个学习项目在配套的在线课程中均有视频、动画、课件、测试、讨论等资源。另外，书中附有必要的数据、图表以供查阅。本书各学习项目既有联系，在内容上又保持相对独立性和系统性，以供不同专业教学时选用。

本书采用最新国家标准编写，结合高职高专的教学特点，尽量做到深入浅出、理论联系实际，在叙述公差与测量基本概念、基本理论的基础上，强调标准的应用能力，重点培养学生几何量检测的基本技能，使学生具有对典型零件实施检测的能力。

本书绪论、项目一由陕西工业职业技术学院朱航科编写，项目二由陕西工业职业技术学院张莹编写，项目三由陕西工业职业技术学院王丽编写，项目四由陕西工业职业技术学院张瑶编写，项目五、项目七和项目八由陕西工业职业技术学院刘佳敏编写，项目六由陕西德信汽车零部件集团有限公司宋博编写。本书在编写过程中得到了陕西工业职业技术学院机械工程学院领导和老师的大力支持，在此表示衷心的感谢。

由于编者水平所限，书中难免存在错误与疏漏，恳请读者和专家批评指正。

编　者

绪　论

学 习 目 标

（1）掌握学习公差的目的；
（2）了解公差的适用对象；
（3）掌握标准的分类及应用；
（4）掌握优先数与优先数系的特点；
（5）培养学生科技报国的家国情怀和使命担当。

任 务 分 组

学生任务分配表

班级		组号		指导教师	
组长		学号			
组员	姓名	学号		姓名	学号

获 取 信 息

引导问题 1：互换性与公差

（1）学习公差的作用是什么？

_____

_____

（2）互换性中的完全互换和不完全互换分别应用于哪些场合？

_____

（3）互换性技术的经济意义是什么？

（4）简述调整法的应用方法。

（5）什么是分组互换法？

（6）机械加工误差有哪几类？

引导问题 2：标准与标准化

（1）何谓标准？何谓标准化？互换性生产与标准化的关系是什么？

（2）简述标准的分类。

（3）简述标准化对组织现代化生产的意义。

引导问题 3：优先数与优先数系

（1）什么是优先数和优先数系？其主要特点是什么？

（2）写出四个基本系列的公比。

（3）写出 R5 系列 0.1~100 的优先数。

（4）检测和计量的关系是什么？

（5）简述检测与测量的区别。

（6）简述计量学主要研究哪些内容。

（7）试述新一代 GPS 建立的必要性。

评价反馈

各组代表展示作品，介绍任务的完成过程。作品展示前应准备阐述材料，并完成评价表。

学生自评表

任务	完成情况记录
任务是否按计划时间完成	
相关理论完成情况	
技能训练情况	
任务完成情况	
任务创新情况	
材料上交情况	
收获	

学生互评表

序号	评价项目	小组互评	教师评价	点评
1				
2				
3				
4				
5				
6				

教师评价表

序号	评价项目	自我评价	互相评价	教师评价	综合评价
1	学习准备				
2	引导问题填写				
3	规范操作				
4	完成质量				
5	关键操作要领掌握				
6	完成速度				
7	参与讨论的主动性				
8	沟通协作				
9	展示汇报				

注：评价档次统一采用 A（优秀）、B（良好）、C（合格）、D（努力）4 个。

知识链接

知识点 1 互换性与公差

1. 互换性的含义

所谓互换性（Interchangeability），即事物之间可以相互替换的性能。互换性在日常生活及工程中的应用比比皆是，例如，灯泡坏了，买个同规格的换上即可达到照明的目的；电视机的集成芯片坏了，换上同规格的新芯片便能保证电视机正常使用；自行车、缝纫机、汽车的零部件坏了，换一个相同规格的新零件就能满足要求。

在机械制造业中，互换性是指按照规定的技术要求制造的同一规格零部件，能够彼此相互替换而效果相同的性能。零部件的互换性包括几何量、机械性能和理化性能等方面的互换性。

2. 互换性的保证——公差

在零件的加工过程中，几何量误差是不可避免的，要使同一规格零件的几何量参数完全一样是不可能，也是没必要的。实践证明，只要将零件实际几何量的变动控制在一定范围内，即可实现互换性。这里，几何量允许的变动范围称为公差。公差越小，几何量精度越高，加工难度越大；反之，几何量精度越低，加工难度越小。公差可以控制误差，从而保证互换性的实现。

3. 互换性的种类

互换性按其互换程度可分为完全互换性和不完全互换性。

1）完全互换性

完全互换性简称互换性，指零部件在装配前，不做任何选择；装配时，无须调整和修配；装配后，满足使用要求。

互换性的种类

2）不完全互换性

不完全互换性也称有限互换性，指零部件在装配前，允许有附加的选择；装配时，允许有附加的调整；装配后，能满足使用要求。不完全互换性可以用分组互换法、调整法或其他方法来实现。

（1）分组互换法。

当装配精度要求很高时，若采用完全互换会使零件的公差很小，从而导致加工困难、成本增高，甚至无法加工。因此，可按分组互换法组织生产：将零件公差适当扩大，以减小加工难度，在加工后将零件按实际参数值大小分为若干组，使同组零件实际参数值的差别减小，然后按对应组进行装配。此时，仅同组内的零件可以互换，组与组之间不能互换。分组互换，既可保证装配精度及使用要求，又可使零件易于加工，降低成本。

（2）调整法。

调整法指在机器装配或使用过程中，对某一特定零件按所需尺寸进行调整，以达到装配精度要求。例如，可以通过调整减速器端盖与箱体之间的垫片厚度来达到调整轴承轴向间隙的目的。

一般来说，对于厂际间协作，应采用完全互换性；厂内生产零部件的装配，则可采用不完全互换性。

4. 互换性的作用

机械制造业中互换性的作用体现在产品的设计、制造、装配和使用等各方面。

（1）从设计方面看，由于零部件具有互换性，故可以最大限度地采用标准件、通用件，从而简化计算、绘图等工作，缩短设计周期，并有利于计算机辅助设计和产品品种的多样化。

（2）从制造方面看，互换性有利于组织专业化生产。由于产品单一、数量多、分工细，故可广泛采用高效专用加工设备，甚至计算机辅助制造，实现加工过程的机械化、自动化，提高产量和质量，降低生产成本。

（3）从装配方面看，由于零部件具有互换性，故无须辅助加工和修配，从而减轻劳动强度，缩短装配周期，并可按流水作业方式进行装配，便于采用自动装配，大大提高了装配生产率。

（4）从使用方面看，零部件具有互换性，可以及时更换那些已经磨损或损坏了的零部件，减少了机器的维修时间和费用，保证机器能连续而持久地运转，提高了设备的利用率。

综上所述，互换性是机器制造业可持续发展的重要生产原则和技术基础。互换性在提高产品质量和可靠性、提高经济效益等方面均有重大意义。但是，应该指出，互换性原则不是在任何情况下都适用，有时零件只能采用单个配制才符合经济原则。

知识点 2　标准与标准化

现代工业生产规模大、分工细，一种机械产品的制造，往往涉及许多部门和企业，为了适应生产中各部门和企业之间技术上相互协调、生产环节之间相互衔接的要求，必须有一种手段，使独立、分散的部门和企业之间保持必要的技术统一，使其成为一个有机的整体，以实现互换性生产。标准与标准化正是联系这种关系的主要途径和手段。标准化是互换性生产的基础。

1. 概念

标准（Standard）是对重复性事物和概念所做的统一规定。它以科学、技术和实践经验的综合成果为基础，经有关方面协商一致，由主管机构批准，以特定形式发布，作为共同遵守的准则和依据。

标准与标准化

标准化是指在经济、技术、科学及管理等社会实践中，对重复性事物和概念通过制定、发布和实施标准，达到统一，以获得最佳秩序和社会效益。由此可见，标准化包括制定、发布、贯彻实施以及不断修订标准的全部活动过程，其核心内容是贯彻实施标准。

2. 标准的分类

标准按其性质可分为技术标准和管理标准两类。通常所说的标准，大多指技术标准。按标准化对象的特征，技术标准可分为基础标准、产品标准、方法标准、安全标准、卫生标准和环境标准等，如图 0-1 所示。基础标准是指在一定范围内作为其他标准的基础，被普遍使用并具有广泛指导意义的标准，如计量单位、优先数系、机械制图、极限与配合、形状和位置公差、表面粗糙度等标准。

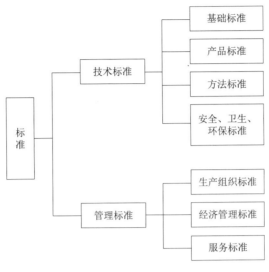

图 0-1　标准分类

3. 标准的级别

标准制定的范围不同，其级别也不一样。我国标准分为四个级别：国家标准、行业标准、地方标准和企业标准。在全国范围内统一制定的标准为国家标准；在全国同一行业内制定的标准为行业标准；在省、自治区、直辖市范围内制定的标准为地方标准；在企业内部制定的标准为企业标准。后三个级别的标准不得与国家标准相抵触。

从世界范围看，有国际标准和国际区域性标准两级。国际标准是指由国际标准化组织（ISO）和国际电工委员会（IEC）制定发布的标准。国际区域性标准是指由国际地区（或国家集团）性组织，如欧洲标准化委员会（CNE）、欧洲电工标准化委员会（CENELEC）等所制定发布的标准。我国于 1978 年恢复参加 ISO 组织后，陆续修订了自己的标准。

总之，标准化是组织现代化大生产的重要手段，是实现专业化协作生产的必要前提，是科学管理的重要组成部分，是整个社会经济合理化的技术基础，是发展贸易、提高产品在国内、外市场上竞争能力的技术保证。搞好标准化工作，对提高产品和工程建设质量、提高劳动生产率、改善人民生活、高速发展国民经济等都有重要的意义。

知识点 3　优先数与优先数系

1. 数值标准

在设计机械产品时，需要确定许多技术参数。当选定一个数值作为某种产品的参数指标时，这个数值就会按照一定的规律，向一切相关制品、材料等有关的参数指标传播扩散。例如，螺孔的尺寸一旦确定，则加工螺纹用的丝锥尺寸和检验内螺纹的螺纹塞规尺寸，甚至攻螺纹前的钻孔尺寸和钻头尺寸，与螺孔相配的螺钉尺寸也随之而定。这种技术参数的传播，在生产实践中极为普遍，常常形成牵一发而动全身的现象。每种产品不止一种参数，而每一种参数又不止一个规格系列，如果没有一个共同遵守的数值标准，势必造成产品的数值杂乱无章，品种规格过于繁多，给生产组织、协作配套以及使用维修等带来很大困难。因此，对各种技术参数，必须从全局出发加以协调，进行适当的简化和统一，实现数值系列的标准化。

实践证明，优先数和优先数系就是对各种技术参数的数值进行协调、简化和统一的一种科学的数值制度。

2. 优先数系

国家标准 GB/T 321—2005《优先数和优先数系》规定十进等比数列为优先数系（所谓十进，即数列的项值中包括：…，0.001，0.01，0.1，1，10，100，100，…这些数），共规定了五个系列，分别用系列代号 R5、R10、R20、R40、R80 表示，前四个系列为基本系列，R80 为补充系列。各系列的公比为

R5 的公比：$\qquad q_5 = \sqrt[5]{10} \approx 1.60$

R10 的公比：$\qquad q_{10} = \sqrt[10]{10} \approx 1.25$

R20 的公比：$\qquad q_{20} = \sqrt[20]{10} \approx 1.12$

R40 的公比：$\qquad q_{40} = \sqrt[40]{10} \approx 1.06$

R80 的公比：$\qquad q_{80} = \sqrt[80]{10} \approx 1.03$

优先数系和
优先数

选用优先数系时，采用"先疏后密"的原则，即按 R5、R10、R20、R40 的顺序选用，补充系列 R80 仅用于分级很细的特殊场合。

3. 优先数

优先数系中的每一个数（项值）即为优先数。按照公比计算得到的优先数的理论值，除 10 的整数幂外，都是无理数，在工程技术上不能直接应用。实际应用的数值都是经过化整后的近似值，根据取值的精确程度，数值可以分为以下几类。

（1）计算值：取五位有效数字，供精确计算用。

（2）常用值：即通常所称的优先数，取三位有效数字，是经常使用的。

（3）化整值：将常用值进一步圆整，一般取两位有效数字，较少采用。

优先数系的基本系列见表 0-1。

表 0-1 优先数系的基本系列（摘自 GB/T 321—2005）

基本系列（常用值）				计算值
R5	R10	R20	R40	
1.00	1.00	1.00	1.00	1.000 0
			1.06	1.059 3
		1.12	1.12	1.122 0
			1.18	1.188 5
	1.25	1.25	1.25	1.258 9
			1.32	1.333 5
		1.40	1.40	1.412 5
			1.50	1.496 2

续表

基本系列（常用值）				计算值
R5	R10	R20	R40	
1.60	1.60	1.60	1.60	1.584 9
			1.70	1.678 8
		1.80	1.80	1.778 3
			1.90	1.883 6
	2.00	2.00	2.00	1.995 3
			2.12	2.113 5
		2.24	2.24	2.238 7
			2.36	2.371 4
2.50	2.50	2.50	2.50	2.511 9
			2.65	2.660 7
		2.80	2.80	2.818 4
			3.00	2.985 4
	3.15	3.15	3.15	3.162 3
			3.35	3.349 7
		3.55	3.55	3.548 1
			3.75	3.758 4
4.00	4.00	4.00	4.00	3.981 1
			4.25	4.217 0
		4.50	4.50	4.466 8
			4.75	4.731 5
	5.00	5.00	5.00	5.011 9
			5.30	5.308 8
		5.60	5.60	5.623 4
			6.00	5.956 6
6.30	6.30	6.30	6.30	6.309 6
			6.70	6.683 4
		7.10	7.10	7.079 5
			7.50	7.498 9
	8.00	8.00	8.00	7.943 3
			8.50	8.414 0
		9.00	9.00	8.912 5
			9.50	9.440 6
10.00	10.00	10.00	10.00	10.000 0

4. 优先数系的特点

（1）优先数系中任意两项的积、商和任意一项的整数次幂仍为同系列的优先数，便于计算。

（2）R5 的项值包含在 R10 中，R10 的项值包含在 R20 中，R20 的项值包含在 R40 中，R40 的项值包含在 R80 中，便于数值扩散。

（3）优先数系中的项值可按十进法向两端无限延伸，因而优先数的范围是不受限制的。

（4）优先数系中相邻项的相对差为常数（相对差是指后项减前项的差值与前项之比的百分数），即系列中数值间隔相对均匀。

优先数系广泛应用于技术标准的制定，它适用于各种尺寸、参数的系列化和质量指标的分级，使各种技术参数从一开始就纳入标准化轨道，对保证各种工业产品品种、规格的合理简化分档和协调配套具有重大意义。本课程所涉及的有关标准，如尺寸分段、公差分级、表面粗糙度参数系列等，都是按优先数系确定的。

<h2 style="text-align:center">知识点 4　检测与计量</h2>

1. 检测

制定了先进的公差标准，对零件的几何量分别规定了合理的公差后，还应采用适当的检测措施，才能保证零部件的互换性。检测是检验和测量的统称。测量能够获得被测几何量的具体数值；而检验只是对几何量的合格性进行判别，不必得出具体数值。通过检测，零件几何参数的实际值在规定的公差范围之内就合格，反之就不合格。但是必须指出，检测的目的不仅仅在于判别零件合格与否，还在于分析废品产生的原因，以设法减小，甚至消除废品。实践证明，产品质量的提高，有赖于检测精度的提高；产品生产率的提高，一定程度上也有赖于检测效率的提高。

2. 计量

说到检测，与其紧密关联的一个概念就是计量。计量是利用技术和法制手段保证检测实现统一和准确的一门科学。计量学主要研究以下内容：

（1）计量单位及其基准和标准的建立、复现、保存及使用；

（2）计量方法以及计量器具的特性；

（3）测量误差和不确定理论；

（4）测量者进行测量的能力；

（5）基本物理常数、标准物质及材料的测定。

要进行检测，就必须从计量上保证单位统一、量值准确。计量对整个检测领域起指导、监督、保证和仲裁的作用。

3. 检测和计量在我国的发展

检测和计量在我国有悠久的历史，秦朝时期统一了度量衡制度，西汉时期制成了铜质卡尺。但由于长期的封建统治，检测技术和计量手段都处于落后的状态，直到中华人民共和国后这种落后的局面才得以改变。1959 年国务院发布了《关于统一计量制度的命令》，确定采用米制为我国长度计量单位。1977 年国务院发布了《中华人民共和国计量管理条例》，健全了各级计量机构和长度量值传递系统，保证了全国计量单位的统一。1984 年国务院发布了

《关于在我国统一实行法定计量单位的命令》，在全国范围内统一实行了以国际单位制为基础的法定计量单位。1985 年发布了《中华人民共和国计量法》，使我国计量单位制度更加统一，量值更加准确可靠。

随着科学技术的发展，检测技术也有了很大的发展，测量精度可达到纳米级，测量空间由二维发展到三维。另外，我国还研制出一些达到世界先进水平的量仪，如激光光电比长仪、激光丝杠动态检查仪、无导轨大长度测量仪等。

20 世纪 60 年代发展起来的三坐标测量机也得到了广泛的应用。三坐标测量机有"测量中心"之称，它的基本功能就是指示测头所处空间位置的 X、Y、Z 坐标值，其测量精度和测量效率高，能够测量几何形状复杂的表面，并能够进行在线测量，防止废品的产生。

现阶段，由于计算机的应用已深入到人类生活的各个方面，故计算机在几何量检测领域的应用也日趋广泛，例如，计量仪器微机化，仪器可实现数据的自动采集、处理，前面所说的三坐标测量机都配有相应的测量软件；如计算机辅助精度设计，利用计算机来完成公差数据的管理、相关零件公差的分配和各种公差的选取等；另外，还有计算机辅助专用量具设计，由计算机来完成大量公差数据的查找、计算及画图工作，减轻了人的劳动，提高了工作效率。

知识点 5 新一代 GPS 简介

GPS（Geometrical Product Specifications and Verification）即产品几何量技术规范与认证的简称，它贯穿于几何产品的研究、开发、设计、制造、验收、出厂、使用以及维修的全过程。

随着计算机信息技术的发展，以前适用于手工设计环境的 GPS 标准不便于计算机的表达、处理和数据传递，公差理论和标准的落后已成为制约 CAD/CAM 技术继续深入发展的瓶颈。基于这个原因，ISO/TC 213（国际产品尺寸和几何规范及认证技术委员会）着手全面修订 ISO 公差标准体系，研究和建立一个基于信息技术、适应 CAD/CAM 的技术要求、保证预定几何精度为目标的标准体系，这一新的 GPS 标准体系与现代设计和制造技术相结合，是对传统公差设计和控制思想的一次大的变革。

凡有大小和形状的产品都是几何产品，所以 GPS 的应用极为广泛。基于"标准和计量"的新一代 GPS 蕴含了工业大生产的基本特征，反映了技术发展的内在要求，为产品技术评估提供了"通用语言"。新一代 GPS 体系将有利于产品的设计、制造及检测，通过对规范和认证（检验）过程的不确定度处理，实现资源的自动化分配。更重要的是能够消除技术壁垒，便于商品和服务的交流，提升企业的国际竞争能力。标准体系不但会影响一个国家的经济发展，而且对一个国家的科学技术和制造业水平有决定性作用。

项目一 尺寸公差与检测

任务一 阶梯轴尺寸精度检测

任务引入

机械测量实训室接到校办工厂送来的一批相同规格的阶梯轴进行检测，图样和技术要求如图 1-1 所示。

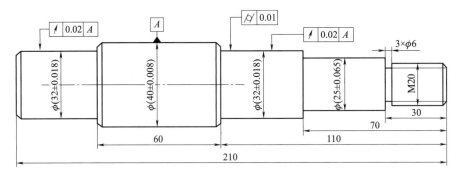

图 1-1 被测零件——阶梯轴

技术要求

（1）未注倒角 C0.5；

（2）未注圆角 R1 mm；

（3）未注尺寸公差按 IT14 加工。

学习目标

（1）熟悉孔、轴的基本概念；

（2）掌握尺寸公差与配合的基本术语；

（3）掌握配合的基本方法及计算；

（4）根据零件图确定检测对象；

（5）能够依据测量任务选择测量器具，设计测量方案；

（6）会进行测量数据的处理，并判别零件的合格性；

（7）培养学生踏实严谨、精益求精的治学态度。

任 务 分 组

学生任务分配表

班级		组号		指导教师	
组长		学号			
组员	姓名	学号		姓名	学号

获 取 信 息

引导问题 1：被测工件的任务分析。

被测工件的测量对象有哪些？精度等级分别是什么？

_____

_____

_____

引导问题 2：尺寸基本术语及定义。

（1）简述孔、轴的定义。孔、轴是不是只有圆柱形？

孔、轴与尺寸
的术语定义

_____

_____

（2）实际（组成）要素与提取组成要素的关系是什么？

_____

_____

（3）尺寸偏差与尺寸公差的关系是什么？

_____

_____

（4）同一零件，同一尺寸，上极限偏差与下极限偏差能否相等？为什么？

_____

_____

_____

引导问题3：尺寸公差基本术语及定义。

（1）偏差与公差的区别是什么？

_____

_____

偏差与公差

（2）尺寸公差如果为负值，说明什么问题？

_____

_____

_____

（3）什么是公差带？其主要作用是什么？

_____

_____

_____

引导问题4：配合基本术语及定义。

（1）写出配合的定义与分类。

_____

_____

_____

（2）孔 $\phi 60_{-0.051}^{-0.021}$ mm 与 $\phi 60_{-0.019}^{0}$ mm 轴相配合，说明它们是什么配合，并计算配合公差，画出各极限与配合公差带图。

_____

_____

_____

（3）孔 $\phi 25_{0}^{+0.025}$ mm 与轴 $\phi 25_{+0.028}^{+0.041}$ mm 相配合，说明它们是什么配合，并计算配合公差，画出各极限与配合公差带图。

_____

_____

_____

引导问题5：测量的基本问题

（1）测量的四要素包含什么？

_____

_____

_____

（2）简述长度、角度量值的传递与溯源。

_____

_____

（3）量块的作用是什么？

（4）从 83 块一套的量块中选取尺寸为 43.865 mm 的量块组，应如何选择？

（5）简述量块的等级分类。

工 作 实 施

引导问题 6：测量器具的选择

（1）计量器具的选用原则是什么？

（2）测量时器具的使用原则是什么？

（3）测量方式的选择原则是什么？

引导问题 7：测量器具的使用

（1）简述游标卡尺测量的注意事项。

游标卡尺的结构

（2）简述万能角度尺使用时的注意事项。

万能角度尺的结构

（3）简述立式光学比较仪的工作原理。

_____

_____

_____

用立式测量仪
测量工件外径

（4）简述常用计量器具的日常维护方式。

_____

_____

_____

引导问题 8：测量工件核心尺寸

（1）量仪规格及有关参数。

测量仪器	名称	分度值	示值范围	测量范围
被测零件	名称	被测公称尺寸及极限偏差	量块组中各量块尺寸	

（2）数据记录与处理。

供　方：			零件编号：		
检验员：			零件名称：		
项目	尺寸	公差	检测设备	实测值	合格判断

（3）测量结果判断分析。

_____

_____

_____

评 价 反 馈

各组代表展示作品，介绍任务的完成过程。作品展示前应准备阐述材料，并完成评价表。

学生自评表

任务	完成情况记录
任务是否按计划时间完成	
相关理论完成情况	
技能训练情况	
任务完成情况	
任务创新情况	
材料上交情况	
收获	

学生互评表

序号	评价项目	小组互评	教师评价	点评
1				
2				
3				
4				
5				
6				

教师评价表

序号	评价项目	自我评价	互相评价	教师评价	综合评价
1	学习准备				
2	引导问题填写				
3	规范操作				
4	完成质量				
5	关键操作要领掌握				
6	完成速度				
7	参与讨论的主动性				
8	沟通协作				
9	展示汇报				

注：评价档次统一采用 A（优秀）、B（良好）、C（合格）、D（努力）4 个。

知 识 链 接

知识点1　有关孔和轴的定义

1. 孔

孔通常是指工件的圆柱形内表面，也包括非圆柱形内表面（由两平行平面或切面形成的包容面）。

2. 轴

轴通常是指工件的圆柱形外表面，也包括非圆柱形外表面（由两平行平面或切面形成的被包容面）。

从装配关系讲，孔是包容面，轴是被包容面。从加工过程看，随着余量的切除，孔的尺寸由小变大，轴的尺寸由大变小，如图1-2所示。

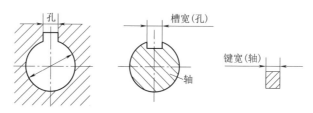

图1-2　孔和轴

知识点2　有关尺寸的术语及定义

1. 尺寸

尺寸是指以特定单位表示线性尺寸值的数值，通常指两点之间的距离，如直径、半径、宽度、高度、深度、中心距等。

基本术语和定义

由尺寸的定义可知，尺寸由数值和特定单位组成。在机械制造中，常以 mm 作为特定单位，依据 GB/T 4458.4—2003《机械制图　尺寸注法》的规定，图样上的尺寸以毫米（mm）为单位时，单位省略，只标数值；但若以其他单位表示，则必须注明单位。

2. 公称尺寸（D，d）

公称尺寸是指由设计给定的尺寸，孔用 D 表示，轴用 d 表示。它是由设计者根据零件的使用要求，通过强度、刚度等的计算和结构设计，经过化整而确定的。公称尺寸一般应采用标准尺寸，执行 GB/T 2822—2005《标准尺寸》的规定。公称尺寸的标准化可以缩减定值刀具、量具、夹具的规格数量。

图样上标注的尺寸通常均为公称尺寸。

3. 提取要素的局部尺寸（D_a，d_a）

提取要素的局部尺寸是指一切提取组成要素上两对应点之间距离的统称。孔与轴的实际

尺寸分别用 D_a 和 d_a 表示。由于测量误差的存在，故测得的实际尺寸并非被测尺寸的真值。由于加工误差的存在，按同一图样要求加工的各个零件，其实际尺寸往往不同，即使是同一零件不同位置、不同方向的实际尺寸也往往不一样，如图 1-3 所示。

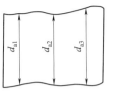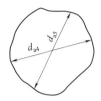

图 1-3 提取要素局部尺寸

4. 极限尺寸

极限尺寸是指一个孔或轴允许的尺寸的两个极端，即允许尺寸变化的两个界限值。其中较大的一个称为上极限尺寸（最大极限尺寸），较小的一个称为下极限尺寸（最小极限尺寸）。孔与轴的上极限尺寸分别用 D_{max} 和 d_{max} 表示，下极限尺寸分别用 D_{min} 和 d_{min} 表示。

在上述各种尺寸中，公称尺寸和极限尺寸是设计给定的，实际尺寸是测量得到的。极限尺寸用于控制实际尺寸，孔或轴实际尺寸的合格条件如下：

$$D_{min} \leqslant D_a \leqslant D_{max}$$
$$d_{min} \leqslant d_a \leqslant d_{max}$$

知识点 3 有关偏差和公差的术语及定义

1. 尺寸偏差（简称偏差）

尺寸偏差是指某一尺寸（实际尺寸、极限尺寸等）减其公称尺寸所得的代数差，其值可正、可负或为零。偏差值除零外，前面必须冠以正号或负号。

偏差分为实际偏差和极限偏差，而极限偏差又分为上极限偏差和下极限偏差。

1）实际偏差（E_a，e_a）

实际偏差是指实际尺寸减其公称尺寸所得的代数差。孔和轴的实际偏差分别用符号 E_a 和 e_a 表示，公式如下：

$$E_a = D_a - D$$
$$e_a = d_a - d$$
(1-1)

2）极限偏差

极限偏差是指极限尺寸减其公称尺寸所得的代数差。上极限尺寸减其公称尺寸所得的代数差称为上极限偏差（简称上偏差），孔和轴的上偏差分别用符号 ES 和 es 表示；下极限尺寸减其公称尺寸所得的代数差称为下极限偏差（简称下偏差），孔和轴的下偏差分别用符号 EI 和 ei 表示，公式如下：

$$ES = D_{max} - D \qquad es = d_{max} - d$$
$$EI = D_{min} - D \qquad ei = d_{min} - d$$
(1-2)

极限偏差用于控制实际偏差，孔或轴实际偏差的合格条件如下：

$$EI \leqslant E_a \leqslant ES$$
$$ei \leqslant e_a \leqslant es$$

2. 尺寸公差（简称公差）

尺寸公差是指允许尺寸的变动量，它等于上极限尺寸减下极限尺寸之差，或上偏差减下偏差之差，是一个没有符号的绝对值，且不能为零。孔和轴的尺寸公差分别用符号 T_h 和 T_s 表示，公式如下：

$$T_h = |D_{max} - D_{min}| = |ES - EI|$$
$$T_s = |d_{max} - d_{min}| = |es - ei|$$

$$(1-3)$$

需要注意的是，公差和极限偏差都是设计时给定的，但它们之间有本质的不同。在数值上，极限偏差是代数差值，可为正、负或零，公差是没有任何符号的绝对值，不能为零；在作用上，极限偏差用于控制实际偏差，是判别尺寸合格与否的依据，公差的大小反映尺寸的精度，公差值越小，精度越高，反之精度越低；在工艺上，极限偏差是决定刀具与工件相对位置的依据，公差的大小则决定了加工的难易程度。

公称尺寸、极限尺寸、极限偏差和尺寸公差之间的关系如图1-4所示。

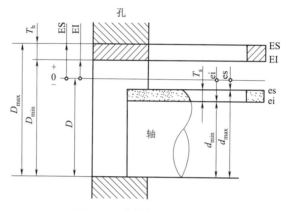

图 1-4　公差与配合示意图

3. 公差带图

图1-4分析了公称尺寸、极限尺寸、极限偏差及公差之间的相互关系。但由于公差和偏差的数值与尺寸数值相差甚远，不能用同一比例画在一张图上，所以我们可以采用公差带图清晰而直观地来表示它们之间的关系，如图1-5所示。

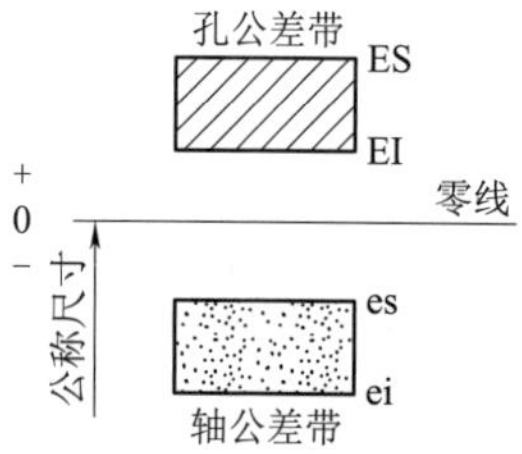

1）零线

零线是用来表示公称尺寸的一条直线。以零线作为上、下偏差的起点，零线以上为正偏差，零线以下为负偏差，位于零线上的偏差是零。

图 1-5　公差带图

2）尺寸公差带（简称公差带）

尺寸公差带是由代表上偏差和下偏差或上极限尺寸和下极限尺寸的两条直线所限定的一个区域。公差带在零线垂直方向上的宽度代表公差值，沿零线方向的长度可适当选取。通常，孔公差带用斜线表示，轴公差带用网点表示。

在公差带图中，公称尺寸的单位用 mm 表示，极限偏差和公差的单位可用 mm 表示，也可用 μm 表示。

3）公差带的两要素

公差带由"公差带大小"和"公差带位置"两个要素组成。公差带的大小由公差值确定，位置由基本偏差确定。通常使用标准化的公差值和基本偏差。

（1）标准公差，即指国家标准所规定的公差值。

（2）基本偏差，即指国家标准中确定公差带相对零线位置的那个极限偏差，一般为靠近或位于零线的那个极限偏差。当公差带在零线上方时，其下偏差为基本偏差；当公差带在零线下方时，其上偏差为基本偏差；当公差带相对于零线对称分布时，其上、下偏差中的任何一个都可作为基本偏差。

知识点 4　有关配合的术语及定义

1. 配合

配合是指公称尺寸相同、相互结合的孔和轴公差带之间的关系。孔和轴公差带之间关系的不同，便形成不同的配合。

配合

2. 间隙（X）或过盈（Y）

间隙或过盈是指孔的尺寸减去相配合的轴的尺寸所得的代数差。该代数差为正则是间隙，用符号 X 表示；为负则是过盈，用符号 Y 表示。间隙或过盈前必须冠以正号或负号。

3. 配合的种类

根据相互结合的孔、轴公差带之间不同的相对位置关系，配合可分为以下三大类。

配合与配合制-1

1）间隙配合

间隙配合指具有间隙（包括最小间隙等于零）的配合。此时，孔的公差带位于轴公差带的上方，$D_{\min} \geqslant d_{\max}$ 或 $\text{EI} \geqslant \text{es}$，如图 1-6 所示。只要孔和轴的实际尺寸都在各自的公差带之内，任取一对孔、轴，就能保证孔的实际尺寸一定大于或等于轴的实际尺寸，相配后必有间隙。

由于孔和轴的实际尺寸允许在各自公差带内变动，因此孔和轴配合的间隙也是变动的。当孔为上极限尺寸而轴为下极限尺寸时，装配后具有最大间隙，配合最松；当孔为下极限尺寸而轴为上极限尺寸时，装配后具有最小间隙，配合最紧。

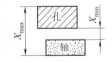

图 1-6　间隙配合

最大间隙和最小间隙统称极限间隙，是间隙配合中允许间隙变动的两个界限值，分别用 $X_{\max}$ 和 $X_{\min}$ 表示，公式如下：

$$X_{\max} = D_{\max} - d_{\min} = \text{ES} - \text{ei}$$
$$X_{\min} = D_{\min} - d_{\max} = \text{EI} - \text{es} \tag{1-4}$$

在实际设计中有时用到平均间隙，平均间隙是最大间隙和最小间隙的平均值，用 X_{av} 表示。

$$X_{\text{av}} = \frac{1}{2}(X_{\max} + X_{\min}) \tag{1-5}$$

2）过盈配合

过盈配合指具有过盈（包括最小过盈等于零）的配合。此时，孔的公差带位于轴公差

21

带的下方，$D_{max} \leq d_{min}$ 或 ES≤ei，如图 1-7 所示。孔和轴公差带之间的如此关系，保证了任意一对合格的孔和轴相配后必有过盈。

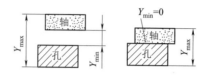

图 1-7 过盈配合

同样，过盈配合中的过盈也是变动的。当孔为上极限尺寸而轴为下极限尺寸时，装配后具有最小过盈，配合最松；当孔为下极限尺寸而轴为上极限尺寸时，装配后具有最大过盈，配合最紧。

最小过盈和最大过盈统称极限过盈，是过盈配合中允许过盈变动的两个界限值，分别用 Y_{min} 和 Y_{max} 表示，公式如下：

$$Y_{min} = D_{max} - d_{min} = ES - ei$$
$$Y_{max} = D_{min} - d_{max} = EI - es$$

(1-6)

平均过盈是最大过盈和最小过盈的平均值，用 Y_{av} 表示，即

$$Y_{av} = \frac{1}{2}(Y_{max} + Y_{min})$$

(1-7)

3）过渡配合

过渡配合指可能具有间隙或过盈的配合。此时，孔和轴的公差带相互交叠，$D_{max} > d_{min}$ 且 $D_{min} < d_{max}$，或 ES>ei 且 EI<es，如图 1-8 所示。在位于各自公差带内的孔、轴合格件中，任取其中一对孔、轴相配，则孔的实际尺寸可能大于、等于或小于轴的实际尺寸，所以装配后可能具有间隙，也可能具有过盈。

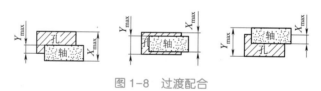

图 1-8 过渡配合

当孔为上极限尺寸而轴为下极限尺寸时，装配后具有最大间隙，配合最松；当孔为下极限尺寸而轴为上极限尺寸时，装配后具有最大过盈，配合最紧。

最大间隙和最大过盈是过渡配合中允许间隙和过盈变动的两个界限值，分别用 X_{max} 和 Y_{max} 表示，公式如下：

$$X_{max} = D_{max} - d_{min} = ES - ei$$
$$Y_{max} = D_{min} - d_{max} = EI - es$$

(1-8)

过渡配合中的平均间隙或平均过盈为

$$(X_{av})\ Y_{av} = \frac{1}{2}(X_{max} + Y_{max})$$

(1-9)

式（1-9）计算所得结果为正值是平均间隙，为负值是平均过盈。

4. 配合公差（T_f）

配合公差是指允许间隙或过盈的变动量，它表明配合松紧程度的变化范围。配合公差用 T_f 表示，是一个没有符号的绝对值。配合公差的大小为配合最松状态时的极限间隙（或极限过盈）与配合最紧状态时的极限间隙（或极限过盈）代数差的绝对值，公式如下：

配合与配合制-2

对于间隙配合： $T_f = |X_{max} - X_{min}|$

对于过盈配合： $T_f = |Y_{min} - Y_{max}|$ （1-10）

对于过渡配合： $T_f = |X_{max} - Y_{max}|$

在式（1-10）中，将极限间隙和极限过盈分别用孔、轴的极限尺寸或极限偏差代入，换算整理后，三种配合的配合公差都为

$$T_f = T_h + T_s \qquad (1-11)$$

式（1-11）表明，要减小配合公差、提高配合精度，就必须减小相互配合的孔和轴的公差，即提高相互配合的孔的精度和轴的精度。

5. 配合制

配合制是指用标准化的孔、轴公差带（即同一极限制的孔和轴）组成各种配合的制度。在机械产品中，有各种不同的配合要求，这就需要各种不同位置关系的孔、轴公差带来实现。但为了简化起见，无须将孔、轴公差带同时变动，只要固定一个，变更另一个即可满足要求，并获得良好的技术经济效益。

GB/T 1800.1—2009 规定了两种配合制：基孔制和基轴制。

1）基孔制

基孔制是指基本偏差一定的孔的公差带，与不同基本偏差的轴的公差带形成各种配合的一种制度，如图 1-9 所示。

基准制

基孔制中的孔为基准孔，其代号为 H，它的基本偏差为下偏差，数值为零，即 EI = 0。

2）基轴制

基轴制是指基本偏差为一定的轴的公差带，与不同基本偏差的孔的公差带形成各种配合的一种制度，如图 1-10 所示。

基轴制中的轴是基准轴，其代号为 h，它的基本偏差为上偏差，数值为零，即 es = 0。

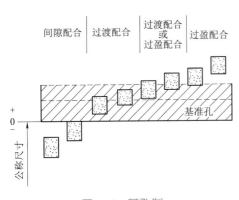

图 1-9 基孔制

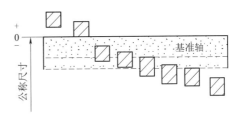

图 1-10 基轴制

知识点 5　测量技术基础

机械工业的发展离不开检测技术及其发展。机械产品和零件的设计、制造及检测都是互换性生产中的重要环节。在生产和科学实验中，为了保证机械零件的互换性和几何精度，经常需要对完工零件的几何量加以检验或测量，以判断它们是否符合设计要求。本部分主要介绍有关测量技术方面的基本知识。

1. 测量的概念

测量基础知识

测量是指为确定被测量的量值而进行的实验过程，其实质就是将被测量与作为计量单位的标准量进行比较，从而确定两者比值的过程。设被测量为 x，所采用的计量单位为 E，则它们的比值为 $q = x/E$。因此，被测量的量值为

$$x = qE \qquad (1-12)$$

例如，某一被测长度为 L，与标准量 E（mm）进行比较，得到比值为 60，则被测长度 $L = qE = 60$ mm。

显然，进行任何测量，首先要明确被测对象和确定计量单位；其次要有与被测对象相适应的测量方法，并且测量结果还要达到所要求的测量精度。因此，一个完整的测量过程应包括被测对象、计量单位、测量方法和测量精度四个要素。

1）被测对象

本课程研究的被测对象是几何量，包括长度、角度、表面粗糙度、形状和位置误差以及螺纹、齿轮的各个几何参数等。

2）计量单位

我国法定计量单位中，几何量中长度的基本单位为米（m），长度的常用单位有毫米（mm）和微米（μm）。1 mm = 10^{-3} m，1 μm = 10^{-3} mm。在机械制造中，常用的单位为毫米（mm）；在几何量精密测量中，常用的单位为微米（μm）；在超高精度测量中，采用纳米（nm）为单位，1 nm = 10^{-3} μm。几何量中平面角的角度单位为弧度（rad）、微弧度（μrad）及度（°）、分（′）、秒（″），1 μrad = 10^{-6} rad，1° = 0.017 453 3 rad。度、分、秒的关系采用 60 等分制，即 1° = 60′，1′ = 60″。

3）测量方法

测量方法是指测量时所采用的测量原理、计量器具和测量条件的综合。在测量过程中，应根据被测零件的特点（如材料硬度、外形尺寸、批量大小、精度要求等）和被测对象的定义来拟定测量方案、选择计量器具和规定测量条件。

4）测量精度

测量精度是指测量结果与真值相一致的程度。由于在测量过程中总是不可避免地出现测量误差，因此，测量结果只是在一定范围内近似于真值，测量误差的大小反映测量精度的高低，测量误差大则测量精度低，测量误差小则测量精度高，不知道测量精度的测量是毫无意义的测量。

2. 长度、角度量值的传递

1）长度量值传递系统

为了进行长度测量，需要确定一个标准的长度单位，而标准量所体现的量值需要由基准提供，建立一个准确统一的长度单位基准是几何量测量的基础。在我国法定计量单位中，规定长度的单位是米（m）。在 1983 年第十七届国际计量大会上通过的米的定义是："1 米是光在真空中于 1/299 792 458 秒的时间间隔内所经过的距离。"

米的定义主要采用稳频激光来复现。以稳频激光的波长作为长度基准具有极好的稳定性和复现性，不仅可以保证计量单位稳定、可靠和统一，而且使用方便，提高了测量精度。

使用波长作为长度基准，虽然可以达到足够的精度，却不便在生产中直接用于尺寸的测量。因此，需要将基准的量值传递到实体计量器具上。为了保证量值的统一，必须建立从国家长度计量基准到生产中使用的工作计量器具的量值传递系统，如图 1-11 所示。

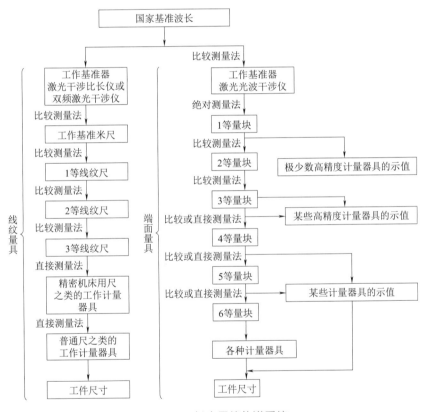

图 1-11　长度量值传递系统

长度量值从国家基准波长开始，分两个平行的系统向下传递，一个是端面量具（量块）系统，另一个是线纹量具（线纹尺）系统。因此，量块和线纹尺都是量值传递媒介，其中尤以量块的应用更为广泛。

2）量块

在长度量值传递系统中，量块是经常使用的量值传递媒介。量块是用特殊合金钢制成，具有线膨胀系数小、不易变形、耐磨性好等特点。量块的应用颇为广泛，除作为长度量值传递的基准之外，还用于鉴定和调整计量器具，调整机床、工具和其他设备，也直接用于测量零件。

量块通常制成长方六面体，六个平面中有两个相互平行的测量面，测量面极为光滑平整，两测量面之间具有精确的尺寸。

（1）有关量块的术语。

参看图1-12，件1为量块，件2为与量块相研合的辅助体（平晶，平台等），所标各种符号为与量块有关的长度和偏差。

量块

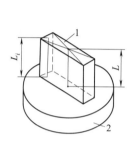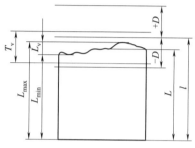

图1-12 量块及其术语

①量块的中心长度。量块的中心长度是指量块一个测量面的中心点到与其相对的另一个测量面之间的垂直距离，用符号 L 表示。

②量块（测量面上任意点）的长度。量块的长度是指自测量面上任意点到与其相对的另一个测量面之间的垂直距离，用符号 L_i 表示。

③量块长度的标称值。量块长度的标称值是指刻印在量块上的量值，也称为量块长度的示值或量块的标称尺寸，用符号 l 表示。

④量块长度的实测值。量块长度的实测值是指用一定的方法，对量块长度进行测量所得到的量值。

⑤量块长度的变动量。量块长度的变动量是指量块任意点长度中的最大长度 L_{max} 与最小长度 L_{min} 之差的绝对值，用符号 L_v 表示。量块长度变动量的允许值用符号 T_v 表示。

⑥量块长度的偏差。量块长度的偏差是指量块的实测值与其标称值之差，简称偏差。图1-20中的 $-D$ 和 $+D$ 为这一偏差的允许值（极限偏差）。

（2）量块的精度等级。

为了满足不同应用场合的需要，我国的标准对量块规定了若干精度等级。

①量块的分级。量块按制造精度分为六级：00、0、K、1、2、3级，其中00级精度最高，精度依次降低，3级精度最低，K级为校准级。量块分"级"的主要依据是量块长度极限偏差和量块长度变动量的允许值。

②量块的分等。量块按检定精度分为六等：1、2、3、4、5、6等，其中1等精度最高，精度依次降低，6等精度最低。量块分"等"的主要依据是量块测量的不确定度和量块长度变动量的允许值。

量块按"级"使用时，应以量块长度的标称值作为工作尺寸，该尺寸包含了量块的制造误差。量块按"等"使用时，应以检定后所给出的量块中心长度的实测值作为工作尺寸，该尺寸排除了量块制造误差的影响，仅包含检定时较小的测量误差。因此，量块按"等"使用的测量精度比量块按"级"使用的高。

（3）量块的组合。

两个量块的测量面或一个量块的测量面与一个玻璃（或石英）的测量面之间具有相互研合的能力，它称为量块测量面的研合性。利用量块的研合性，可以组成所需的各种尺寸。为了组成所需的尺寸，量块是成套制造的，每一套具有一定数量不同尺寸的量块，装在特制的木盒内。按 GB/T 6093—2001 的规定，我国生产的成套量块有 91 块、83 块、46 块、38 块等几种规格。表 1-1 列出了国产 83 块一套量块的组成。

表 1-1　国产 83 块一套的量块组成（摘自 GB/T 6093—2001）

尺寸范围/mm	间隔/mm	块数
1.01~1.49	0.01	49
1.5~1.9	0.1	5
2.0~9.5	0.5	16
10~100	10	10
1	—	1
0.5	—	1
1.005	—	1

为了获得较高的组合尺寸精度，应力求用最少的块数组成一个所需尺寸，一般不超过 4~5 块。为了迅速选择量块，应从所需组合尺寸的最后一位数开始考虑，每选一块应使尺寸的位数减少一位。例如要组成 51.995 mm 的尺寸，其选择方法为

	51.995	需要的量块尺寸
$-$	1.005	第一块量块尺寸
	50.99	
$-$	1.49	第二块量块尺寸
	49.5	
$-$	9.5	第三块量块尺寸
	40	第四块量块尺寸

3）角度量值传递系统

角度量值尽管可以通过等分圆周获得任意大小的角度而无须再建立一个角度自然基准，但在实际应用中为了测量方便和便于对测角仪器进行检定，仍需建立角度量值标准，现在最常用的实物基准是多面棱体，多面棱体采用特殊合金钢或石英玻璃精细加工而成，常见的有 4、6、8、12、24、36、72 等正多面棱体，图 1-13 所示为正八面棱体，并由此建立起了角度量值传递系统，如图 1-14 所示。

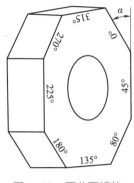

图 1-13　正八面棱体

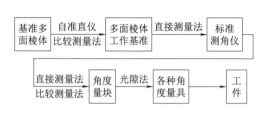

图 1-14　角度量值传递系统

3. 计量器具与测量方法

1）计量器具的分类

计量器具是指能直接或间接测出被测对象量值的技术装置。计量器具是量具、量规、计量仪器和计量装置的统称。

计量器具的
分类

（1）量具。

量具是指以固定形式复现被测量量值的计量器具，分为单值量具和多值量具。单值量具是指复现几何量单个量值的量具，如量块、直角尺等；多值量具是指复现一定范围内的一系列不同量值的量具，如线纹尺等。

（2）量规。

量规是指没有刻度的专用计量器具，用以检验零件要素实际尺寸和形位误差的综合结果。使用量规检验不能得到被检工件的具体误差值，但能确定被检工件是否合格，如使用光滑极限量规、螺纹量规和位置量规等进行检验。

（3）计量仪器。

计量仪器（简称量仪）是指能将被测量的量值转换成可直接观测的指示值或等效信息的计量器具，如百分表、万能工具显微镜、电动轮廓仪等。计量仪器按其原理可分为机械式量仪、光学式量仪、电动式量仪和气动式量仪等。

（4）计量装置。

计量装置是指为确定被测量量值所必需的计量器具和辅助设备的总体，它能够测量同一工件上较多的几何量和形状比较复杂的工件，有助于实现检测自动化或半自动化，如连杆、滚动轴承等零件可用计量装置来测量。

2）计量器具的技术指标

计量器具的技术指标用来表征计量器具的技术特性和功能，它是合理选择和使用计量器具的重要依据。其主要指标如下：

（1）刻线间距。

刻线间距是指计量器具标尺上两相邻刻线中心线间的距离。为了适于人眼观察和读数，刻线间距一般为 1~2.5 mm。

（2）分度值。

分度值是指计量器具标尺上每一刻线间距所代表的被测量量值。一般长度计量器具的分度值有 0.1 mm、0.05 mm、0.02 mm、0.01 mm、0.005 mm、0.002 mm、0.001 mm 等几种。如千分表的分度值为 0.001 mm，百分表的分度值为 0.01 mm。分度值越小，计量器具的精度越高。

（3）分辨力。

分辨力是指计量器具所能显示的最末一位数所代表的量值。由于在一些量仪（如数字式量仪）中，其读数采用非标尺或非分度盘显示，因此就不能使用分度值这一概念，而将其称为分辨力。例如国产 JC19 型数显式万能工具显微镜的分辨力为 0.5 μm。

（4）示值范围。

示值范围是指计量器具所能显示或指示的起始值到终止值的范围。

（5）测量范围。

测量范围是指计量器具所能测量被测量的最小值到最大值的范围。

（6）灵敏度。

灵敏度是指计量器具对被测量变化的反应能力。若被测量的变化为 Δx，该量值引起计量器具的相应变化为 ΔL，则灵敏度 S 为

$$S = \frac{\Delta L}{\Delta x} \tag{1-13}$$

当式（1-14）中分子和分母为同种量时，灵敏度也称为放大比或放大倍数。对于具有等分刻度的标尺或分度盘的量仪，放大倍数 K 等于刻度间距 a 与分度值 i 之比，即

$$K = \frac{a}{i} \tag{1-14}$$

分度值越小，计量器具的灵敏度越高。

（7）示值误差。

示值误差是指计量器具上的示值与被测量真值的代数差。示值误差越小，计量器具精度越高。

（8）修正值。

修正值是指为了消除或减少系统误差，用代数法加到未修正测量结果上的数值，其大小与示值误差的绝对值相等，而符号相反。例如，示值误差为 -0.006 mm，则修正值为 +0.006 mm。

（9）测量重复性。

测量重复性是指在相同的测量条件下，对同一被测量进行多次测量，各测量结果之间的一致性通常以测量重复性误差的极限值（正、负偏差）来表示。

（10）不确定度。

不确定度是指由于测量误差的存在而对被测量量值不能肯定的程度。

3）测量方法的分类

广义的测量方法，是指测量时所采用的测量原理、计量器具和测量条件的综合。但是在实际工作中，测量方法一般是指获得测量结果的具体方式，它可从不同的角度进行分类。

（1）按实测量值是否为被测量值分类。

①直接测量。直接测量是指从计量器具的读数装置上直接得到被测量量值的测量方法。例如，用游标卡尺、千分尺测量轴径。

②间接测量。间接测量是指通过测量与被测量有函数关系的其他量，然后通过函数关系算出被测量的测量方法。例如：测量轴径时由于条件所限，只有一把直尺，那我们可找一段绳子，先测出周长，然后通过关系式 $d = l/\pi$ 计算得出轴径的尺寸。

直接测量过程简单，其测量精度只与这一测量过程有关，而间接测量的精度不仅取决于有关量的测量精度，还与计算精度有关。因此，间接测量常用于受条件所限无法进行直接测量的场合。

（2）按示值是否为被测量的全值分类。

①绝对测量。绝对测量是指计量器具显示或指示的示值是被测量的全值。例如，用游标卡尺、千分尺测量轴径。

②相对测量。相对测量（比较测量）是指计量器具显示或指示出的被测量相对于已知标准量的偏差，而被测量的量值为已知标准量与该偏差值的代数和。例如，用机械比较仪测量轴径，测量时先用量块调整示值零位，该比较仪指示出的示值为被测轴径相对于量块尺寸的偏差。

一般来说，相对测量的测量精度比绝对测量的测量精度高。

（3）按测量时被测表面与计量器具的测头是否接触分类。

①接触测量。接触测量是指测量时计量器具的测头与被测表面接触，并有机械作用的测量。例如，用机械比较仪测量轴径。

②非接触测量。非接触测量是指测量时计量器具的测头不与被测表面接触。例如，用光切显微镜测量表面粗糙度、用气动量仪测量孔径。

测量误差的
分类 1

在接触测量中，测头与被测表面的接触会引起弹性变形，产生测量误差，而非接触测量则无此影响，故适宜于软质表面或薄壁易变形工件的测量。

（4）按工件上是否有多个被测量一起加以测量分类。

①单项测量。单项测量是指分别对工件上的各被测量进行独立测量。例如，用工具显微镜测量螺纹的螺距、牙侧角和中径等。

②综合测量。综合测量是指同时测量工件上几个相关量的综合效应或综合指标，以判断综合结果是否合格。例如，用螺纹量规检验螺纹单一中径、螺距和牙侧角实际值的综合结果是否合格。

就工件整体来说，单项测量的效率比综合测量低，但单项测量便于进行工艺分析。综合测量适用于只要求判断合格与否，而不需要得到具体误差值的场合。

（5）按测量在加工过程中所起的作用分类。

①主动测量。主动测量是指在加工工件的同时，对被测量进行测量。其测量结果可直接用以控制加工过程，及时防止废品的产生。

②被动测量。被动测量是指在工件加工完毕后对被测量进行测量。其测量结果仅限于判断合格品和发现并剔除不合格品。

主动测量常应用在生产线上，使检验与加工过程紧密结合，充分发挥检测的作用。因此，它是检测技术发展的方向。

（6）按测量时被测表面与计量器具的测头是否相对运动分类。

①静态测量。静态测量是指在测量过程中，计量器具的测头与被测零件处于静止状态，被测量的量值是固定的。例如，用机械比较仪测量轴径。

②动态测量。动态测量是指在测量过程中，计量器具的测头与被测零件处于相对运动状态，被测量的量值是变化的。例如，用圆度仪测量圆度误差、用电动轮廓仪测量表面粗糙度等。

任务二　内孔尺寸精度检测

任务引入

机械测量实训室接到校办工厂送来的一批相同规格的套筒需要进行检测，图样和技术要求如图 1-15 所示。

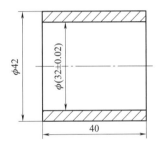

图 1-15　被测零件——套筒

技术要求

（1）倒角 C1；

（2）倒钝锐边；

（3）允许攻、套螺纹。

测量任务：要求测量公称尺寸为 $\phi 42$ ㎜的孔径，依据图样给出的尺寸精度判别实际零件的合格性。

学习目标

（1）掌握国家标准的构成；

（2）掌握测量误差的来源及分类；

（3）熟悉内孔的常用测量方法；

（4）熟练掌握内径指示表及卧式测长仪的操作方法；

（5）能够依据测量任务选择测量器具，设计测量方案；

（6）会进行测量数据的处理，并判别零件的合格性；

（7）培养学生制造强国、科技强国的使命担当意识。

任 务 分 组

学生任务分配表

班级		组号		指导教师	
组长		学号			
组员	姓名	学号		姓名	学号

获 取 信 息

引导问题 1：《极限与配合》国家标准的构成

（1）简述标准公差表中存在的特点。

标准公差系列和
基本偏差系列

（2）标准公差的主要作用是什么？

（3）什么是基本偏差？

（4）基本偏差的代号及其特点是什么？

（5）写出基孔制和基轴制的定义。

（6）通过标准公差表与基本偏差表确定以下孔与轴的上极限偏差和下极限偏差。

40c11   25Z6   150h11   60J6

480P6   120m6   50d9   78K7

（7）写出 $\phi60\dfrac{H7}{h6}$、$\phi16\dfrac{D8}{h8}$、$\phi100\dfrac{G7}{h6}$、$\phi25\dfrac{P7}{h6}$ 各组孔和轴的上极限偏差、下极限偏差以及配合性质，画出公差与配合公差带图。

引导问题 2：公差与配合在图样上的标注

（1）简述尺寸标注的形式有哪几种，并举例。

（2）简述在装配图上的两种标注方法。

（3）根据不同的标准方式，如何确定加工工艺？举例说明。

引导问题 3：一般、常用和优先的公差带与配合

（1）国家标准规定的标准公差等级和基本偏差可以形成多少种配合？举例说明。

（2）过多的配合方式存在的问题是什么？

（3）一般、优先和常用的公差带与配合分别有多少种？

（4）未注公差的线性尺寸代表什么？

引导问题4：测量器具的使用

（1）写出测量误差的两种表示形式。

（2）简述测量误差的来源，并举例。

（3）简述测量误差的分类。

（4）简述粗大误差产生的原因及处理方法。

（5）简述测量精度的分类。

（6）对同一几何量等精度测量，连续测量 10 次，按测量顺序将各测得值记录如下（单位 mm）。

30.857	30.856	30.857	30.855	30.856
30.858	30.857	30.856	30.855	30.856

设测量值中不存在定值系统误差，试确定其测量结果。

工 作 实 施

引导问题 5：测量器具的使用

（1）说明千分尺测量的注意事项。

外径千分尺
的结构

（2）简述内径百分表的使用步骤。

（3）说明千分尺不对零的维修方式。

深度千分尺
的结构

引导问题 6：测量工件核心尺寸

（1）量仪规格及有关参数。

测量仪器	名称		分度值	示值范围	测量范围
被测零件	名称	被测公称尺寸及极限偏差		量块组中各量块尺寸	

（2）数据记录与处理。

供　方：			零件编号：		
检验员：			零件名称：		
项目	尺寸	公差	检测设备	实测值	合格判断

（3）测量结果判断分析。

_____

_____

_____

_____

_____

_____

评价反馈

各组代表展示作品，介绍任务的完成过程。作品展示前应准备阐述材料，并完成评价表。

学生自评表

任务	完成情况记录
任务是否按计划时间完成	
相关理论完成情况	
技能训练情况	
任务完成情况	
任务创新情况	
材料上交情况	
收获	

学生互评表

序号	评价项目	小组互评	教师评价	点评
1				
2				
3				
4				
5				
6				

教师评价表

序号	评价项目	自我评价	互相评价	教师评价	综合评价
1	学习准备				
2	引导问题填写				
3	规范操作				
4	完成质量				
5	关键操作要领掌握				
6	完成速度				
7	参与讨论的主动性				
8	沟通协作				
9	展示汇报				

注：评价档次统一采用 A（优秀）、B（良好）、C（合格）、D（努力）4 个。

知 识 链 接

知识点 1　《极限与配合》国家标准的构成

在机械产品中，公称尺寸不大于 500 mm 的尺寸段为常用尺寸，该尺寸段在生产实践中应用最广。本部分着重对该尺寸段进行介绍。

由前面可知，各种配合是由孔、轴公差带之间的关系决定的，而公差带有两要素：大小和位置，大小由标准公差确定，位置由基本偏差确定。为了使公差带的大小和位置标准化，实现互换性，满足各种使用要求，GB/T 1800.1—2009 规定了孔和轴的标准公差系列与基本偏差系列。

1. 标准公差系列

标准公差系列是国家标准制定出的一系列标准公差数值，见表 1-2。

1）标准公差等级

标准公差等级是指确定尺寸精确程度的等级。规定和划分公差等级，既

极限配合
GB 构成-1

简化和统一了公差，又满足了不同的使用要求，为零件设计和制造带来了极大的方便。

国家标准设置了 20 个公差等级，它们分别用代号 IT01、IT0、IT1、IT2、…、IT18 表示。其中，IT01 精度最高，等级依次降低，IT18 精度最低。

2）标准公差因子

标准公差因子是用以确定标准公差的基本单位，是制定标准公差数值的基础。该因子是公称尺寸的函数。

在生产实践中，对公称尺寸相同的零件，可按公差大小评定其精度的高低，但对公称尺寸不同的零件，评定其精度就不能仅看其公差大小。实际上，在相同的加工条件下，公称尺寸不同的零件加工后产生的误差也不同。统计分析发现加工误差和公称尺寸呈三次方抛物线关系，如图 1-16 所示。

公差限制加工误差范围，而加工误差范围与公称尺寸有一定关系，因此，公差与公称尺寸应有一定关系，这种关系用标准公差因子来表示。

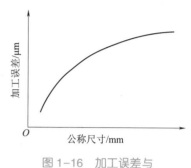

图 1-16　加工误差与公称尺寸的关系

标准公差因子是以生产实践为基础，通过专门的试验和大量的统计分析，找到加工误差和测量误差随公称尺寸变化的规律来确定的。

IT5～IT18 的标准公差因子 i 计算公式如下：

$$i = 0.45\sqrt[3]{D} + 0.001D \quad (\mu m) \tag{1-15}$$

式中　D——公称尺寸（mm）。

式（1-15）中第一项表示加工误差与公称尺寸符合抛物线关系，第二项表示测量误差与公称尺寸符合线性关系。

各级标准公差数值计算公式见表 1-2。

对于 IT01、IT0、IT1 这三个标准公差等级，主要考虑测量误差的影响，因此标准公差与公称尺寸呈线性关系。

对于 IT2、IT3、IT4 这三个标准公差等级，它们的公差值是在 IT1～IT5 之间呈等比数列，其公比为 $q = (IT5/IT1)^{1/4}$。

IT5～IT18 级的标准公差按下式计算：

$$IT = a \cdot i \tag{1-16}$$

式中　a——标准公差等级系数。

3）尺寸分段

根据表 1-3 可知，对应每一个公称尺寸和公差等级就可以计算出一个相应的公差值，这样就会形成一个庞大的公差数值表，给生产、设计带来很多困难，也不利于公差值的标准化、系列化。从图 1-12 中可以看出，当公称尺寸变化不大时，其产生的误差变化很小，随着公称尺寸的增大，这种误差的变化更趋于缓慢。为了减小公差数值的数目、简化公差表格、方便实际应用，应按一定规律将常用尺寸分成若干段落，即尺寸分段。尺寸分段后，同一尺寸段内的所有公称尺寸在公差等级相同的情况下，具有相同的标准公差。

在标准公差及后面的基本偏差计算公式中，公称尺寸 D 一律按所属尺寸段内首尾两个尺寸（D_1、D_2）的几何平均值来计算，公式如下：

$$D = \sqrt{D_1 D_2} \tag{1-17}$$

按式（1-15）、式（1-16）及表 1-2 的计算公式，可算出各尺寸段各标准公差等级的标准公差数值，按国家标准有关规定对尾数进行圆整，最后编制出标准公差数值表，供设计时查用，见表 1-2。

表 1-2 标准公差数值（摘自 GB/T 1800.1—2009）

公称尺寸/mm		标准公差等级																			
		IT01	IT0	IT1	IT2	IT3	IT4	IT5	IT6	IT7	IT8	IT9	IT10	IT11	IT12	IT13	IT14	IT15	IT16	IT17	IT18
大于	至	μm													mm						
—	3	0.3	0.5	0.8	1.2	2	3	4	6	10	14	25	40	60	0.1	0.14	0.25	0.4	0.6	1	1.4
3	6	0.4	0.6	1	1.5	2.5	4	5	8	12	18	30	48	75	0.12	0.18	0.3	0.48	0.75	1.2	1.8
6	10	0.4	0.6	1	1.5	2.5	4	6	9	15	22	36	58	90	0.15	0.22	0.36	0.58	0.9	1.5	2.2
10	18	0.5	0.8	1.2	2	3	5	8	11	18	27	43	70	110	0.18	0.27	0.43	0.7	1.1	1.8	2.7
18	30	0.6	1	1.5	2.5	4	6	9	13	21	33	52	84	130	0.21	0.33	0.52	0.84	1.3	2.1	3.3
30	50	0.6	1	1.5	2.5	4	7	11	16	25	39	62	100	160	0.25	0.39	0.62	1	1.6	2.5	3.9
50	80	0.8	1.2	2	3	5	8	13	19	30	46	74	120	190	0.3	0.46	0.74	1.2	1.9	3	4.6
80	120	1	1.5	2.5	4	6	10	15	22	35	54	87	140	220	0.35	0.54	0.87	1.4	2.2	3.5	5.4
120	180	1.2	2	3.5	5	8	12	18	25	40	63	100	160	250	0.4	0.63	1	1.6	2.5	4	6.3
180	250	2	3	4.5	7	10	14	20	29	46	72	115	185	290	0.46	0.72	1.15	1.85	2.9	4.6	7.2
250	315	2.5	4	6	8	12	16	23	32	52	81	130	210	320	0.52	0.81	1.3	2.1	3.2	5.2	8.1
315	400	3	5	7	9	13	18	25	36	57	89	140	230	360	0.57	0.89	1.4	2.3	3.6	5.7	8.9
400	500	4	6	8	10	15	20	27	40	63	97	155	250	400	0.63	0.97	1.55	2.5	4	6.3	9.7

注：公称尺寸小于或等于 1 mm 时，无 IT14~IT18。

表 1-3 标准公差数值计算公式

公差等级	公式	公差等级	公式	公差等级	公式
IT01	$0.3+0.008D$	IT6	$10i$	IT13	$250i$
IT0	$0.5+0.012D$	IT7	$16i$	IT14	$400i$
IT1	$0.8+0.020D$	IT8	$25i$	IT15	$640i$
IT2	$(IT1)(IT5/IT1)^{1/4}$	IT9	$40i$	IT16	$1\,000i$
IT3	$(IT1)(IT5/IT1)^{1/2}$	IT10	$64i$	IT17	$1\,600i$
IT4	$(IT1)(IT5/IT1)^{3/4}$	IT11	$100i$	IT18	$2\,500i$
IT5	$7i$	IT12	$160i$		

极限配合
GB 构成-2

2. 基本偏差系列

1）基本偏差代号

孔、轴基本偏差各有 28 种，每种基本偏差的代号用一个或两个英文字母表示。孔用大写字母表示，轴用小写字母表示。

在 26 个英文字母中，去掉 5 个容易与其他参数混淆的字母 I（i）、L（l）、O（o）、Q（q）、W（w），增加 7 个双写字母 CD（cd）、EF（ef）、FG（fg）、JS（js）、ZA（za）、ZB（zb）、ZC（zc），这 28 种基本偏差代号反映了 28 种公差带的位置，构成了基本偏差系列。

2）基本偏差系列图

基本偏差系列如图 1-17 所示。

如图 1-17（a）所示，在孔的基本偏差系列中，代号为 A~G 的基本偏差为下偏差 EI（正值），其绝对值逐渐减小；代号为 H 的基本偏差为下偏差 EI=0，是基孔制配合中基准孔的代号；代号为 JS 的孔的公差带相对于零线对称分布，基本偏差为上偏差 ES=+IT/2 或下偏差 EI=-IT/2；代号为 J~ZC 的基本偏差为上偏差 ES（除 J、K 外，其余皆为负值），K~ZC 基本偏差的绝对值逐渐增大。

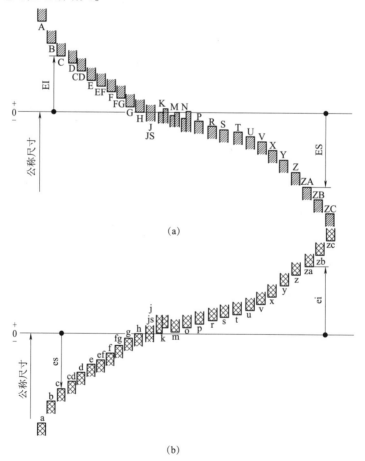

图 1-17　基本偏差系列

（a）孔；（b）轴

如图 1-17（b）所示，在轴的基本偏差系列中，代号为 a～g 的基本偏差为上偏差 es（负值），其绝对值逐渐减小；代号为 h 的基本偏差为上偏差 es＝0，是基轴制配合中基准轴的代号；代号为 js 的轴的公差带相对于零线对称分布，基本偏差为上偏差 es＝+IT/2 或下偏差 ei＝-IT/2；代号为 j～zc 的基本偏差为下偏差 ei（除 j 外，其余皆为正值），k～zc 基本偏差的绝对值逐渐增大。

JS 和 js 将逐渐代替近似对称于零线的基本偏差 J 和 j，因此在国家标准中，基本偏差 J 仅应用于 6 级、7 级和 8 级，基本偏差 j 仅应用于 5 级、6 级、7 级和 8 级。

在图 1-17 中，除 J（j）、JS（js）特殊情况外，由于基本偏差仅确定公差带的位置，因而仅绘出了公差带的一端，另一端未加限制。

3）各种基本偏差所形成配合的特征

（1）间隙配合。a～h（或 A～H）与基准孔（或基准轴）形成间隙配合，其中 a 与 H（或 A 与 h）形成的配合间隙最大。此后，间隙逐渐减小，基本偏差 h 与 H 形成的配合间隙最小，该配合的最小间隙为零。

（2）过渡配合。js～n（或 JS～N）与基准孔（或基准轴）一般形成过渡配合，其中 js 与 H（或 JS 与 h）形成的配合较松，获得间隙概率较大。此后，配合逐渐变紧，n 与 H（或 N 与 h）形成的配合较紧，获得过盈的概率较大。而标准公差等级很高的 n 与 H（或 N 与 h）形成的配合则为过盈配合。

（3）过盈配合。p～zc（或 P～ZC）与基准孔（或基准轴）一般形成过盈配合，其中 p 与 H（或 P 与 h）形成的配合过盈最小。此后，过盈逐渐增大，zc 与 H（或 ZC 与 h）形成的配合过盈最大。而标准公差等级不高的 p 和 H（或 P 与 h）形成的配合则为过渡配合。

4）公差带代号和配合代号

孔、轴公差带代号由基本偏差代号和标准公差等级数字组成，例如，孔公差带代号 H7、F8、D9，轴公差带代号 h6、f7、n6。公差带代号标注在零件图上。

当孔、轴组成配合时，配合代号用分数形式表达，分子为孔公差带代号，分母为轴公差带代号。例如，基孔制配合代号 H8/f7$\left(\text{或}\dfrac{H8}{f7}\right)$、H7/k6$\left(\text{或}\dfrac{H7}{k6}\right)$、H7/s6$\left(\text{或}\dfrac{H7}{s6}\right)$，基轴制配合代号 F8/h7$\left(\text{或}\dfrac{F8}{h7}\right)$、K7/h6$\left(\text{或}\dfrac{K7}{h6}\right)$、S7/h6$\left(\text{或}\dfrac{S7}{h6}\right)$。配合代号标注在装配图上。

5）基本偏差的构成规律

（1）轴的基本偏差数值。轴的基本偏差数值是以基孔制配合为基础，根据设计要求，在生产实践和科学实验的基础上，依据统计分析的结果得出一系列公式经计算而来的，计算公式见表 1-4。计算结果按一定规则将尾数圆整后，即编制出轴的基本偏差表，见表 1-5。

当轴的基本偏差确定后，另一个极限偏差可根据轴的基本偏差数值和标准公差值按下式计算：

$$ei = es - T_s$$
$$es = ei + T_s$$

(1-18)

表 1-4　轴的基本偏差计算公式

基本偏差代号	公称尺寸/mm 大于	公称尺寸/mm 至	计算公式 es/μm	基本偏差代号	公称尺寸/mm 大于	公称尺寸/mm 至	计算公式 ei/μm
a	1	120	$-(265+1.3D)$	k	0	500	≤IT3 及 ≥IT8:0
a	120	500	$-3.5D$	k			IT4~IT7:$+0.6\sqrt[3]{D}$
b	1	160	$-(140+0.85D)$	m	0	500	$+(IT7\sim IT6)$
b	160	500	$-1.8D$	n	0	500	$+5D^{0.34}$
c	0	40	$-52D^{0.2}$	p	0	500	$+[IT7+(0\sim5)]$
c	40	500	$-(95+0.8D)$	r	0	500	$+\sqrt{p\cdot s}$
cd	0	10	$-\sqrt{c\cdot d}$	s	0	50	$+[IT8+(1\sim4)]$
d	0	500	$-16D^{0.44}$	s	50	500	$+[IT7+0.4D]$
e	0	500	$-11D^{0.41}$	t	24	500	$+[IT7+0.63D]$
ef	0	10	$-\sqrt{e\cdot f}$	u	0	500	$+[IT7+D]$
f	0	500	$-5.5D^{0.41}$	v	14	500	$+[IT7+1.25D]$
fg	0	10	$-\sqrt{f\cdot g}$	x	0	500	$+[IT7+1.6D]$
g	0	500	$-2.5D^{0.34}$	y	18	500	$+[IT7+2D]$
h	0	500	0	z	0	500	$+[IT7+2.5D]$
j	0	500	无公式	za	0	500	$+[IT8+3.15D]$
js	0	500	es=+IT/2 或 ei=−IT/2	zb	0	500	$+[IT9+4D]$
js				zc	0	500	$+[IT10+5D]$

注：公式中 D 是公称尺寸的几何平均值，单位为 mm。

（2）孔的基本偏差数值。从图 1-17 中可以看出，孔的基本偏差与同名代号轴的基本偏差相对于零线呈反射关系。因此，孔的基本偏差不需要另一套计算公式，而是根据同字母代号轴的基本偏差，按一定规则换算得到。

换算的原则是：同名配合的配合性质相同，即基孔制配合变成同字母代号的基轴制配合（例如 H7/f6 变成 F7/h6），它们具有相同的极限间隙或极限过盈。根据该原则，孔的基本偏差按以下两种规则换算。

①通用规则。同一字母代号表示的孔、轴基本偏差的绝对值相等而符号相反。换算公式如下：

$$EI=-es$$
$$ES=-ei \tag{1-19}$$

通用规则适用范围：A~H 所有等级；K、M、N>8 的等级；P~ZC>7 的等级。

②特殊规则。同一字母代号表示的孔、轴基本偏差绝对值相差一个 Δ 值，符号相反。换算公式如下：

$$ES=-ei+\Delta \tag{1-20}$$

式中　Δ——孔的标准公差值 IT_n 与高一级的轴的标准公差值 IT_{n-1} 之差，即 $\Delta=IT_n-IT_{n-1}=T_h-T_s$。

特殊规则适用范围：K、M、N≤8 的等级；P~ZC≤7 的等级。

按以上两规则换算出孔的基本偏差数值，经圆整后就编制出孔的基本偏差数值表，见表 1-5。

表1-5 公称尺寸≤500 mm 轴的基本偏差数值（摘自 GB/T 1800.1—2009）

基本偏差/μm（上偏差es：a~js 为所有公差等级；下偏差ei：j 及以后）

公称尺寸/mm	a	b	c	cd	d	e	ef	f	fg	g	h	js	j(5~6)	j(7)	j(8)	k(4~7)	k(≤3,>7)	m	n	p	r	s	t	u	v	x	y	z	za	zb	zc
≤3	−270	−140	−60	−34	−20	−14	−10	−6	−4	−2	0	偏差=±IT/2	−2	−4	−6	0	0	+2	+4	+6	+10	+14	—	+18	—	+20	—	+26	+32	+40	+60
>3~6	−270	−140	−70	−46	−30	−20	−14	−10	−6	−4	0		−2	−4	—	+1	0	+4	+8	+12	+15	+19	—	+23	—	+28	—	+35	+42	+50	+80
>6~10	−280	−150	−80	−56	−40	−25	−18	−13	−8	−5	0		−2	−5	—	+1	0	+6	+10	+15	+19	+23	—	+28	—	+34	—	+42	+52	+67	+97
>10~14	−290	−150	−95	—	−50	−32	—	−16	—	−6	0		−3	−6	—	+1	0	+7	+12	+18	+23	+28	—	+33	—	+40	—	+50	+64	+90	+130
>14~18	−290	−150	−95	—	−50	−32	—	−16	—	−6	0		−3	−6	—	+1	0	+7	+12	+18	+23	+28	—	+33	+39	+45	—	+60	+77	+108	+150
>18~24	−300	−160	−110	—	−65	−40	—	−20	—	−7	0		−4	−8	—	+2	0	+8	+15	+22	+28	+35	—	+41	+47	+54	+63	+73	+98	+136	+188
>24~30	−300	−160	−110	—	−65	−40	—	−20	—	−7	0		−4	−8	—	+2	0	+8	+15	+22	+28	+35	+41	+48	+55	+64	+75	+88	+118	+160	+218
>30~40	−310	−170	−120	—	−80	−50	—	−25	—	−9	0		−5	−10	—	+2	0	+9	+17	+26	+34	+43	+48	+60	+68	+80	+94	+112	+148	+200	+274
>40~50	−320	−180	−130	—	−80	−50	—	−25	—	−9	0		−5	−10	—	+2	0	+9	+17	+26	+34	+43	+54	+70	+81	+97	+114	+136	+180	+242	+325
>50~65	−340	−190	−140	—	−100	−60	—	−30	—	−10	0		−7	−12	—	+2	0	+11	+20	+32	+41	+53	+66	+87	+102	+122	+144	+172	+226	+300	+405
>65~80	−360	−200	−150	—	−100	−60	—	−30	—	−10	0		−7	−12	—	+2	0	+11	+20	+32	+43	+59	+75	+102	+120	+146	+174	+210	+274	+360	+480
>80~100	−380	−220	−170	—	−120	−72	—	−36	—	−12	0		−9	−15	—	+3	0	+13	+23	+37	+51	+71	+91	+124	+146	+178	+214	+258	+335	+445	+585
>100~120	−410	−240	−180	—	−120	−72	—	−36	—	−12	0		−9	−15	—	+3	0	+13	+23	+37	+54	+79	+104	+144	+172	+210	+256	+310	+400	+525	+690
>120~140	−460	−260	−200	—	−145	−85	—	−43	—	−14	0		−11	−18	—	+3	0	+15	+27	+43	+63	+92	+122	+170	+202	+248	+300	+365	+470	+620	+800
>140~160	−520	−280	−210	—	−145	−85	—	−43	—	−14	0		−11	−18	—	+3	0	+15	+27	+43	+65	+100	+134	+190	+228	+280	+340	+415	+535	+700	+900
>160~180	−580	−310	−230	—	−145	−85	—	−43	—	−14	0		−11	−18	—	+3	0	+15	+27	+43	+68	+108	+146	+210	+252	+310	+380	+465	+600	+780	+1000
>180~200	−660	−340	−240	—	−170	−100	—	−50	—	−15	0		−13	−21	—	+4	0	+17	+31	+50	+77	+122	+166	+236	+284	+350	+425	+520	+670	+880	+1150
>200~225	−740	−380	−260	—	−170	−100	—	−50	—	−15	0		−13	−21	—	+4	0	+17	+31	+50	+80	+130	+180	+258	+310	+385	+470	+575	+740	+960	+1250
>225~250	−820	−420	−280	—	−170	−100	—	−50	—	−15	0		−13	−21	—	+4	0	+17	+31	+50	+84	+140	+196	+284	+340	+425	+520	+640	+820	+1050	+1350
>250~280	−920	−480	−300	—	−190	−110	—	−56	—	−17	0		−16	−26	—	+4	0	+20	+34	+56	+94	+158	+218	+315	+385	+475	+580	+710	+920	+1200	+1550
>280~315	−1050	−540	−330	—	−190	−110	—	−56	—	−17	0		−16	−26	—	+4	0	+20	+34	+56	+98	+170	+240	+350	+425	+525	+650	+790	+1000	+1300	+1700
>315~355	−1200	−600	−360	—	−210	−125	—	−62	—	−18	0		−18	−28	—	+4	0	+21	+37	+62	+108	+190	+268	+390	+475	+590	+730	+900	+1150	+1500	+1900
>355~400	−1350	−680	−400	—	−210	−125	—	−62	—	−18	0		−18	−28	—	+4	0	+21	+37	+62	+114	+208	+294	+435	+530	+660	+820	+1000	+1300	+1650	+2100
>400~450	−1500	−760	−440	—	−230	−135	—	−68	—	−20	0		−20	−32	—	+5	0	+23	+40	+68	+126	+232	+330	+490	+595	+740	+920	+1100	+1450	+1850	+2400
>450~500	−1650	−840	−480	—	−230	−135	—	−68	—	−20	0		−20	−32	—	+5	0	+23	+40	+68	+132	+252	+360	+540	+660	+820	+1000	+1250	+1600	+2100	+2600

注：1. 公称尺寸小于或等于1 mm 时，各级 a 和 b 均不采用。

2. js 的数值，对 IT7~IT11，若 IT 的数值（μm）为奇数，则取 $js = \pm \dfrac{IT-1}{2}$。

表1-5　公称尺寸≤500 mm 孔的基本偏差数值（摘自 GB/T 1800.1—2009）

基本偏差单位为 μm；Δ 单位为 μm。下偏差 EI（A～H，所有公差等级）；JS；上偏差 ES（J、K、M、N、P～ZC）。

公称尺寸/mm	A	B	C	CD	D	E	EF	F	FG	G	H	JS	J6	J7	J8	K≤8	K>8	M≤8	M>8	N≤8	N>8	P	R	S	T	U	V	X	Y	Z	ZA	ZB	ZC	Δ IT3	Δ IT4	Δ IT5	Δ IT6	Δ IT7	Δ IT8
≤3	+270	+140	+60	+34	+20	+14	+10	+6	+4	+2	0	±IT/2	+2	+4	+6	0	0	−2	−2	−4	−4	−6	−10	−14	—	−18	—	−20	—	−26	−32	−40	−60	0	0	0	0	0	0
>3~6	+270	+140	+70	+46	+30	+20	+14	+10	+6	+4	0	±IT/2	+5	+6	+10	−1+Δ	0	−4+Δ	−4	−8+Δ	0	−12	−15	−19	—	−23	—	−28	—	−35	−42	−50	−80	1	1.5	1	3	4	6
>6~10	+280	+150	+80	+56	+40	+25	+18	+13	+8	+5	0	±IT/2	+5	+8	+12	−1+Δ	0	−6+Δ	−6	−10+Δ	0	−15	−19	−23	—	−28	—	−34	—	−42	−52	−67	−97	1	1.5	2	3	6	7
>10~14	+290	+150	+95	—	+50	+32	—	+16	—	+6	0	±IT/2	+6	+10	+15	−1+Δ	0	−7+Δ	−7	−12+Δ	0	−18	−23	−28	—	−33	—	−40	—	−50	−64	−90	−130	1	2	3	3	7	9
>14~18	+290	+150	+95	—	+50	+32	—	+16	—	+6	0	±IT/2	+6	+10	+15	−1+Δ	0	−7+Δ	−7	−12+Δ	0	−18	−23	−28	—	−33	−39	−45	—	−60	−77	−108	−150	1	2	3	3	7	9
>18~24	+300	+160	+110	—	+65	+40	—	+20	—	+7	0	±IT/2	+8	+12	+20	−2+Δ	0	−8+Δ	−8	−15+Δ	0	−22	−28	−35	—	−41	−47	−54	−63	−73	−98	−136	−188	1.5	2	3	4	8	12
>24~30	+300	+160	+110	—	+65	+40	—	+20	—	+7	0	±IT/2	+8	+12	+20	−2+Δ	0	−8+Δ	−8	−15+Δ	0	−22	−28	−35	−41	−48	−55	−64	−75	−88	−118	−160	−218	1.5	2	3	4	8	12
>30~40	+310	+170	+120	—	+80	+50	—	+25	—	+9	0	±IT/2	+10	+14	+24	−2+Δ	0	−9+Δ	−9	−17+Δ	0	−26	−34	−43	−48	−60	−68	−80	−94	−112	−148	−200	−274	1.5	3	4	5	9	14
>40~50	+320	+180	+130	—	+80	+50	—	+25	—	+9	0	±IT/2	+10	+14	+24	−2+Δ	0	−9+Δ	−9	−17+Δ	0	−26	−34	−43	−54	−70	−81	−97	−114	−136	−180	−242	−325	1.5	3	4	5	9	14
>50~65	+340	+190	+140	—	+100	+60	—	+30	—	+10	0	±IT/2	+13	+18	+28	−2+Δ	0	−11+Δ	−11	−20+Δ	0	−32	−41	−53	−66	−87	−102	−122	−144	−172	−226	−300	−405	2	3	5	6	11	16
>65~80	+360	+200	+150	—	+100	+60	—	+30	—	+10	0	±IT/2	+13	+18	+28	−2+Δ	0	−11+Δ	−11	−20+Δ	0	−32	−43	−59	−75	−102	−120	−146	−174	−210	−274	−360	−480	2	3	5	6	11	16
>80~100	+380	+220	+170	—	+120	+72	—	+36	—	+12	0	±IT/2	+16	+22	+34	−3+Δ	0	−13+Δ	−13	−23+Δ	0	−37	−51	−71	−91	−124	−146	−178	−214	−258	−335	−445	−585	2	4	5	7	13	19
>100~120	+410	+240	+180	—	+120	+72	—	+36	—	+12	0	±IT/2	+16	+22	+34	−3+Δ	0	−13+Δ	−13	−23+Δ	0	−37	−54	−79	−104	−144	−172	−210	−254	−310	−400	−525	−690	2	4	5	7	13	19
>120~140	+460	+260	+200	—	+145	+85	—	+43	—	+14	0	±IT/2	+18	+26	+41	−3+Δ	0	−15+Δ	−15	−27+Δ	0	−43	−63	−92	−122	−170	−202	−248	−300	−365	−470	−620	−800	3	4	6	7	15	23
>140~160	+520	+280	+210	—	+145	+85	—	+43	—	+14	0	±IT/2	+18	+26	+41	−3+Δ	0	−15+Δ	−15	−27+Δ	0	−43	−65	−100	−134	−190	−228	−280	−340	−415	−535	−700	−900	3	4	6	7	15	23
>160~180	+580	+310	+230	—	+145	+85	—	+43	—	+14	0	±IT/2	+18	+26	+41	−3+Δ	0	−15+Δ	−15	−27+Δ	0	−43	−68	−108	−146	−210	−252	−310	−380	−465	−600	−780	−1 000	3	4	6	7	15	23
>180~200	+660	+340	+240	—	+170	+100	—	+50	—	+15	0	±IT/2	+22	+30	+47	−4+Δ	0	−17+Δ	−17	−31+Δ	0	−50	−77	−122	−166	−236	−284	−350	−425	−520	−670	−880	−1 150	3	4	6	9	17	26
>200~225	+740	+380	+260	—	+170	+100	—	+50	—	+15	0	±IT/2	+22	+30	+47	−4+Δ	0	−17+Δ	−17	−31+Δ	0	−50	−80	−130	−180	−258	−310	−385	−470	−575	−740	−960	−1 250	3	4	6	9	17	26
>225~250	+820	+420	+280	—	+170	+100	—	+50	—	+15	0	±IT/2	+22	+30	+47	−4+Δ	0	−17+Δ	−17	−31+Δ	0	−50	−84	−140	−196	−284	−340	−425	−520	−640	−820	−1 050	−1 350	3	4	6	9	17	26
>250~280	+920	+480	+300	—	+190	+110	—	+56	—	+17	0	±IT/2	+25	+36	+55	−4+Δ	0	−20+Δ	−20	−34+Δ	0	−56	−94	−158	−218	−315	−385	−475	−580	−710	−920	−1 200	−1 550	4	4	7	9	20	29
>280~315	+1 050	+540	+330	—	+190	+110	—	+56	—	+17	0	±IT/2	+25	+36	+55	−4+Δ	0	−20+Δ	−20	−34+Δ	0	−56	−98	−170	−240	−350	−425	−525	−650	−790	−1 000	−1 300	−1 700	4	4	7	9	20	29
>315~355	+1 200	+600	+360	—	+210	+125	—	+62	—	+18	0	±IT/2	+29	+39	+60	−4+Δ	0	−21+Δ	−21	−37+Δ	0	−62	−108	−190	−268	−390	−475	−590	−730	−900	−1 150	−1 500	−1 900	4	5	7	11	21	32
>355~400	+1 350	+680	+400	—	+210	+125	—	+62	—	+18	0	±IT/2	+29	+39	+60	−4+Δ	0	−21+Δ	−21	−37+Δ	0	−62	−114	−208	−294	−435	−530	−660	−820	−1 000	−1 300	−1 650	−2 100	4	5	7	11	21	32
>400~450	+1 500	+760	+440	—	+230	+135	—	+68	—	+20	0	±IT/2	+33	+43	+66	−5+Δ	0	−23+Δ	−23	−40+Δ	0	−68	−126	−232	−330	−490	−595	−740	−920	−1 100	−1 450	−1 850	−2 400	5	5	7	13	23	34
>450~500	+1 650	+840	+480	—	+230	+135	—	+68	—	+20	0	±IT/2	+33	+43	+66	−5+Δ	0	−23+Δ	−23	−40+Δ	0	−68	−132	−252	−360	−540	−660	−820	−1 000	−1 250	−1 600	−2 100	−2 600	5	5	7	13	23	34

JS：偏差＝±IT/2。

P～ZC（≤7 级）：在 >7 级的相应数值上增加一个 Δ 值。

注：1. 公称尺寸小于 1 mm 时，各级 A 和 B 及 >IT8 的 N 均不采用。

2. JS 的数值，对 IT7～IT11，若 IT 的数值（μm）为奇数，则取 JS＝±$\dfrac{IT-1}{2}$。

3. 特殊情况，当公称尺寸大于 250～315 mm 时，M6 的 ES 等于 −9（不等于 −11）。

4. 对 ≤IT8 的 K、M、N 和 ≤IT7 的 P～ZC，所需 Δ 值从表内右侧栏选取。

当孔的基本偏差确定后，另一个极限偏差可根据孔的基本偏差数值和标准公差值按下式计算：

$$\begin{cases} EI = ES - T_h \\ ES = EI + T_h \end{cases} \tag{1-21}$$

知识点 2　公差与配合在图样上的标注

1. 公差与配合在图样上的标注

零件图上一般有三种标注方法：公称尺寸后标注公差带代号，如 $\phi 50H7$、$\phi 50f6$，如图 1-18（a）和图 1-18（b）所示；公称尺寸后标注上、下偏差数值，如 $\phi 50^{+0.025}_{0}$、$\phi 50^{-0.025}_{-0.041}$；公称尺寸后同时标注公差带代号和上、下偏差数值，如 $\phi 50H7\left(^{+0.025}_{0}\right)$、$\phi 20f6\left(^{-0.025}_{-0.041}\right)$。当上、下偏差绝对值相等而符号相反时，则在偏差数值前加注"$\pm$"，如 $\phi(50\pm0.008)$。

在装配图上一般有两种标注方法：公称尺寸后标注配合代号，如 $\phi 50H7/f6$ $\left(或 \phi 50\dfrac{H7}{f6}\right)$，如图 1-18（c）所示；公称尺寸后同时标注配合代号和上、下偏差数值，如

$\phi 50H7\left(^{+0.025}_{0}\right)/\phi 50f6\left(^{-0.025}_{-0.041}\right)\left(或 \phi 50\dfrac{H7\left(^{+0.025}_{0}\right)}{f6\left(^{-0.025}_{-0.041}\right)}\right)$。

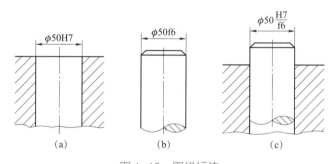

图 1-18　图样标注

(a) 孔零件图；(b) 轴零件图；(c) 装配图

[例 1-1] 查表确定 $\phi 55g6$、$\phi 72P7$ 的极限偏差，并画公差带图。

解

$\phi 55g6$：查表 1-1 得公差值为 IT6 = 19 μm，查表 1-4 得基本偏差为 es = -10 μm，则另一极限偏差为

$$ei = es - IT6 = (-10) - 19 = -29(\mu m)$$

其公差带图如图 1-19（a）所示。

$\phi 72P7$：查表 1-1 得公差值为 IT7 = 30 μm，查表 1-5 得基本偏差为

$$ES = -32 + \Delta = -32 + 11 = -21(\mu m)$$

则另一极限偏差为

$$EI = ES - IT7 = -21 - 30 = -51(\mu m)$$

其公差带图如图 1-19（b）所示。

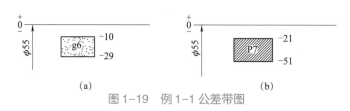

(a)   (b)

图 1-19　例 1-1 公差带图

[例 1-2]　查表确定 $\phi20H7/p6$ 和 $\phi20P7/h6$ 两种配合的孔、轴的极限偏差，并比较它们的配合性质是否相同。

解

查表 1-1 得 IT6 = 13 μm，IT7 = 21 μm。

（1）基孔制配合 $\phi20H7/p6$。

$\phi20H7$：查表 1-5 得 H 的基本偏差为　EI = 0

则另一极限偏差为　　　　　　　ES = 0 + IT7 = 0 + 21 = +21（μm）

$\phi20p6$：查表 1-4 得 p 的基本偏差为　　ei = +22 μm

则另一极限偏差为　　　　　　es = ei + IT6 =（+22）+ 13 = +35（μm）

于是得 $\phi20\dfrac{\text{H7}\ \binom{+0.021}{0}}{\text{p6}\ \binom{+0.035}{+0.022}}$，在该配合中

$$Y_{\min} = \text{ES} - \text{ei} = (+21) - (+22) = -1（\mu m）$$

$$Y_{\max} = \text{EI} - \text{es} = 0 - (+35) = -35（\mu m）$$

其公差带图如图 1-20（a）所示。

（2）基轴制配合 $\phi20P7/h6$。

$\phi20P7$：查表 1-5 得 P 的基本偏差为

$$\text{ES} = -22 + \Delta = -22 + 8 = -14（\mu m）$$

则另一极限偏差为

$$\text{EI} = \text{ES} - \text{IT7} = (-14) - 21 = -35（\mu m）$$

$\phi20h6$：查表 1-4 得 h 的基本偏差为　es = 0

则另一极限偏差为　　　　　　ei = es - IT6 = 0 - 13 = -13（μm）

于是得 $\phi20\dfrac{\text{P7}\ \binom{-0.014}{-0.035}}{\text{h6}\ \binom{0}{-0.013}}$，在该配合中

$$Y_{\min} = \text{ES} - \text{ei} = (-14) - (-13) = -1\ \mu m$$

$$Y_{\max} = \text{EI} - \text{es} = (-35) - 0 = -35\ \mu m$$

比较基孔制配合 $\phi20H7/p6$ 和基轴制配合 $\phi20P7/h6$ 的极限过盈，可见它们的配合性质相同。

公差带图如图 1-20（b）所示。

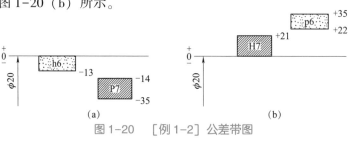

(a)   (b)

图 1-20　[例 1-2] 公差带图

知识点3　一般、常用和优先的公差带与配合

1. 一般、常用和优先的公差带与配合

国家标准规定了20个标准公差等级和28种基本偏差，由此可以组成544种轴的公差带和543种孔的公差带，而这些公差带又可以组成近30万种配合。这么多的公差带和配合都使用显然是不经济的，它必然导致定值刀具、量具以及工艺装备的品种和规格过于繁杂，为此，GB/T 1800.1—2009规定了一般、优先和常用的公差带与配合。

1）一般、常用和优先的公差带

国家标准规定的一般用途轴的公差带116种，如图1-21所示。图1-21中方框内的59种为常用公差带，圆圈内的13种为优先公差带。

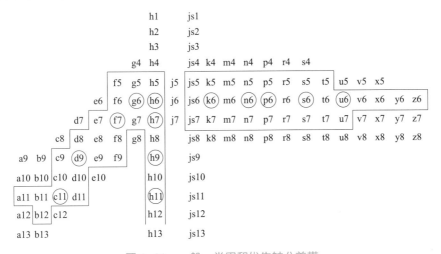

图1-21　一般、常用和优先轴公差带

国家标准规定的一般用途孔的公差带105种，如图1-22所示。图1-22中方框内的44种为常用公差带，圆圈内的13种为优先公差带。

优先，常用，
一般公差带
与配合

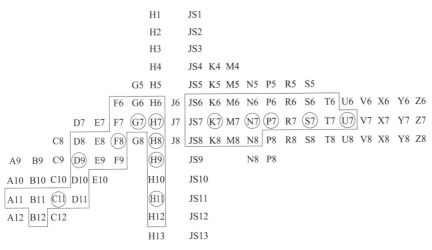

图1-22　一般、常用和优先孔公差带

选用公差带时，按优先、常用、一般的顺序来选取。

2）常用和优先配合

国际标准规定的基孔制常用配合 59 种，优先配合 13 种，见表 1-6；基轴制常用配合 47 种，优先配合 13 种，见表 1-7。选用时，按优先、常用的顺序选取；若不能满足要求，则可选用图 1-17 和图 1-18 中的公差带，组成所需的配合；若还不能满足要求，则可从国家标准中提供的 544 中轴公差带和 543 种孔公差带中选取合用的公差带，组成需要的配合。

表 1-6　基孔制优先、常用配合

基准孔	轴																				
	a	b	c	d	e	f	g	h	js	k	m	n	p	r	s	t	u	v	x	y	z
	间隙配合								过渡配合				过盈配合								
H6						$\frac{H6}{f5}$	$\frac{H6}{g5}$	$\frac{H6}{h5}$	$\frac{H6}{js5}$	$\frac{H6}{k5}$	$\frac{H6}{m5}$	$\frac{H6}{n5}$	$\frac{H6}{p5}$	$\frac{H6}{r5}$	$\frac{H6}{s5}$	$\frac{H6}{t5}$					
H7						$\frac{H7}{f6}$ ▼	$\frac{H7}{g6}$ ▼	$\frac{H7}{h6}$ ▼	$\frac{H7}{js6}$	$\frac{H7}{k6}$ ▼	$\frac{H7}{m6}$	$\frac{H7}{n6}$ ▼	$\frac{H7}{p6}$ ▼	$\frac{H7}{r6}$	$\frac{H7}{s6}$ ▼	$\frac{H7}{t6}$	$\frac{H7}{u6}$ ▼	$\frac{H7}{v6}$	$\frac{H7}{x6}$	$\frac{H7}{y6}$	$\frac{H7}{z6}$
H8					$\frac{H8}{e7}$	$\frac{H8}{f7}$ ▼	$\frac{H8}{g7}$	$\frac{H8}{h7}$ ▼	$\frac{H8}{js7}$	$\frac{H8}{k7}$	$\frac{H8}{m7}$	$\frac{H8}{n7}$	$\frac{H8}{p7}$	$\frac{H8}{r7}$	$\frac{H8}{s7}$	$\frac{H8}{t7}$	$\frac{H8}{u7}$				
H8				$\frac{H8}{d8}$	$\frac{H8}{e8}$	$\frac{H8}{f8}$		$\frac{H8}{h8}$													
H9			$\frac{H9}{c9}$	$\frac{H9}{d9}$ ▼	$\frac{H9}{e9}$	$\frac{H9}{f9}$		$\frac{H9}{h9}$ ▼													
H10			$\frac{H10}{c10}$	$\frac{H10}{d10}$				$\frac{H10}{h10}$													
H11	$\frac{H11}{a11}$	$\frac{H11}{b11}$	$\frac{H11}{c11}$ ▼	$\frac{H11}{d11}$				$\frac{H11}{h11}$ ▼													
H12		$\frac{H12}{b12}$						$\frac{H12}{h12}$													

注：①H6/n5、H7/p6 在公称尺寸小于或等于 3 mm 和 H8/r7 在公称尺寸小于或等于 100 mm 时，为过渡配合。

②带 ▼ 的配合为优先配合。

公差配合与机械测量

表 1-7　基轴制优先、常用配合

基准轴	孔																				
	A	B	C	D	E	F	G	H	JS	K	M	N	P	R	S	T	U	V	X	Y	Z
	间隙配合								过渡配合				过盈配合								
h5						$\frac{F6}{h5}$	$\frac{G6}{h5}$	$\frac{H6}{h5}$	$\frac{JS6}{h5}$	$\frac{K6}{h5}$	$\frac{M6}{h5}$	$\frac{N6}{h5}$	$\frac{P6}{h5}$	$\frac{R6}{h5}$	$\frac{S6}{h5}$	$\frac{T6}{h5}$					
h6						$\frac{F7}{h6}$	▼$\frac{G7}{h6}$	▼$\frac{H7}{h6}$	$\frac{JS7}{h6}$	$\frac{K7}{h6}$	$\frac{M7}{h6}$	▼$\frac{N7}{h6}$	▼$\frac{P7}{h6}$	$\frac{R7}{h6}$	▼$\frac{S7}{h6}$	$\frac{T7}{h6}$	▼$\frac{U7}{h6}$				
h7					$\frac{E8}{h7}$	▼$\frac{F8}{h7}$		▼$\frac{H8}{h7}$	$\frac{JS8}{h7}$	$\frac{K8}{h7}$	$\frac{M8}{h7}$	$\frac{N8}{h7}$									
h8				$\frac{D8}{h8}$	$\frac{E8}{h8}$	$\frac{F8}{h8}$		$\frac{H8}{h8}$													
h9				▼$\frac{D9}{h9}$	$\frac{E9}{h9}$	$\frac{F9}{h9}$		▼$\frac{H9}{h9}$													
h10				$\frac{D10}{h10}$				$\frac{H10}{h10}$													
h11	$\frac{A11}{h11}$	$\frac{B11}{h11}$	▼$\frac{C11}{h11}$	$\frac{D11}{h11}$				▼$\frac{H11}{h11}$													
h12		$\frac{B12}{h12}$						$\frac{H12}{h12}$													

注：带▼的配合为优先配合。

2. 一般公差

　　零件图上所有尺寸都有一定的公差要求，但为了简化制图，节省设计时间，对不重要的尺寸和精度要求较低的非配合尺寸，在零件图上通常不标注它们的公差。为了保证使用要求，GB/T 1804—2000《一般公差　未注公差的线性和角度尺寸的公差》对未注公差的尺寸规定了一般公差。

　　一般公差是指在车间普通工艺条件下，机床设备一般加工能力可以保证的公差。在正常维护和操作情况下，它代表车间一般加工的经济加工精度。

　　GB/T 1804—2000 对线性尺寸和倒圆半径、倒角高度尺寸的一般公差规定了四个公差等级：精密级 f、中等级 m、粗糙级 c、最粗级 v，这四个等级分别相当于 IT12、IT14、IT16、IT17，并规定了相应的极限偏差数值，其极限偏差的取值均采用对称分布的公差带，对尺寸也采用了大的分段，见表 1-8 和表 1-9。

表 1-8　未注公差线性尺寸的极限偏差数值（摘自 GB/T 1804—2000）（mm）

公差等级	公称尺寸分段							
	0.5~3	>3~6	>6~30	>30~120	>120~400	>400~1 000	>1 000~2 000	>2 000~4 000
f（精密级）	±0.05	±0.05	±0.1	±0.15	±0.2	±0.3	±0.5	—
m（中等级）	±0.1	±0.1	±0.2	±0.3	±0.5	±0.8	±1.2	±2
c（粗糙级）	±0.2	±0.3	±0.5	±0.8	±1.2	±2	±3	±4
v（最粗级）	—	±0.5	±1	±1.5	±2.5	±4	±6	±8

表 1-9　倒圆半径与倒角高度尺寸的极限偏差数值（摘自 GB/T 1804—2000）（mm）

公差等级	公称尺寸分段			
	0.5~3	>3~6	>6~30	>30
f（精密级）	±0.2	±0.5	±1	±2
m（中等级）				
c（粗糙级）	±0.4	±1	±2	±4
v（最粗级）				

注：倒圆半径与倒角高度尺寸的含义参见国家标准 GB/T 6403.4—2008《零件倒圆与倒角》

当采用一般公差时，在零件图上只注公称尺寸，不注极限偏差，但应在零件图的技术要求或有关技术文件中，用标准号和公差等级号作出总的表示。例如，选用中等级时，表示为 GB/T 1804—m。

一般公差的线性尺寸是在保证车间加工精度的情况下加工出来的，可以不必检验。若有争议时，应以表中查得的极限偏差作为依据来评判。

知识点 4　测量误差

1. 测量误差的基本概念

由于测量过程中计量器具本身和测量方法等误差的影响，以及测量条件的限制，任何一次测量的测得值都不可能是被测量的真值，两者存在着差异，这种差异在数值上则表现为测量误差。测量误差指被测量的测得值与其真值之差，用公式表示如下：

测量误差的
基本概念

$$\delta = x - x_0 \tag{1-22}$$

式中　δ——绝对误差；

x——被测量的测得值；

x_0——被测量的真值。

测量误差有下列两种表示形式：

1）绝对误差

由式（1-22）所定义的测量误差也称绝对误差。在式（1-23）中，由于 x 可能大于或小于 x_0，因而绝对误差可能是正值，也可能是负值。这样，被测量的真值可以用下式来表示：

$$x_0 = x \pm |\delta| \tag{1-23}$$

利用上式，可以由被测量的量值和测量误差来估算真值所在的范围。测量误差的绝对值越小，则被测量的量值越接近于真值，测量精度就越高；反之，测量精度越低。

用绝对误差表示测量精度，适用于评定或比较大小相同的被测量的测量精度。对于大小不同的被测量，则需要用相对误差来评定或比较它们的测量精度。

2）相对误差

相对误差是指绝对误差的绝对值与被测量真值之比。由于被测量的真值无法得到，因此在实际应用中常以被测量的测得值代替真值进行估算，即

$$f = \frac{|\delta|}{x_0} \approx \frac{|\delta|}{x} \tag{1-24}$$

式中　f——相对误差。

相对误差通常用百分比来表示。例如，某两轴径的测得值分别为 199.865 mm 和 80.002 mm，它们的绝对误差分别为 +0.004 mm 和 -0.003 mm，则由式（1-24）计算得到它们的相对误差分别为 $f_1 = 0.004/199.865 = 0.002\%$，$f_2 = 0.003/80.002 = 0.0037\%$，因此前者的测量精度比后者高。

2. 测量误差的来源

为了减小测量误差，必须仔细分析测量误差产生的原因，提高测量精度。在实际测量中，产生测量误差的因素很多，归结起来主要有以下几个方面。

1）计量器具误差

计量器具误差是指计量器具本身在设计、制造和使用过程中的各项误差。

设计计量器具时，为了简化结构而采用近似设计会产生测量误差。例如，机械杠杆比较仪的结构中，测杆的直线位移与指针杠杆的角位移不成正比，而其标尺却采用等分刻度，这就是一种近似设计，测量时会产生测量误差。

当设计的计量器具不符合阿贝原则时也会产生测量误差。阿贝原则是指测量长度时，为了保证测量的准确，应使被测零件的尺寸线（简称被测线）和量仪中作为标准的刻度尺（简称标准线）重合或顺次排成一条直线。

用千分尺测量轴的直径，如图 1-23 所示，千分尺的标准线（测微螺杆轴线）与工件被测线（被测直径）在同一条直线上。如果测微螺杆轴线的移动方向与被测直径方向间有一夹角 φ，则由此产生的测量误差 δ 为

$$\delta = x' - x = x'(1 - \cos\varphi)$$

式中　x——应测长度；

　　　x'——实测长度。

由于角 φ 很小，故将 $\cos\varphi$ 展开成级数后取前两项可得 $\cos\varphi = 1 - \varphi^2/2$，则

$$\delta = x' \cdot \varphi^2/2$$

设 $x' = 30$ mm，$\varphi = 1' \approx 0.0003$ rad，则

$$\delta = 30 \times 0.0003^2/2 = 1.35 \times 10^{-6} \text{（mm）} = 1.35 \times 10^{-3} \text{ μm}$$

由此可见，符合阿贝原则的测量引起的测量误差很小，可以略去不计。

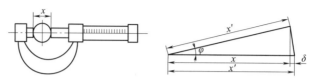

图 1-23　用千分尺测量轴径

　　用游标卡尺测量轴的直径，如图 1-24 所示，作为标准长度的刻度尺与被测直径不在同一条直线上，两者相距 s 且平行放置，其结构不符合阿贝原则。在测量过程中，卡尺活动量爪倾斜一个角度 φ，此时产生的测量误差 δ 按下式计算：

$$\delta = x - x' = s\tan\varphi \approx s\varphi$$

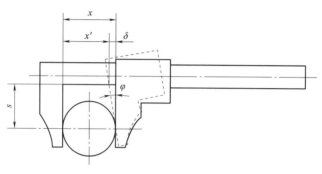

图 1-24　用游标卡尺测量轴径

　　设 $s = 30$ mm，$\varphi = 1' \approx 0.000\ 3$ rad，则由于游标卡尺结构不符合阿贝原则而产生的测量误差为

$$\delta = 30 \times 0.000\ 3 = 0.009 （mm） = 9\ \mu m$$

由此可见，不符合阿贝原则的测量引起的测量误差颇大。

　　计量器具零件的制造和装配误差会产生测量误差。例如，游标卡尺标尺的刻线距离不准确、指示表的分度盘与指针回转轴的安装偏心等皆会产生测量误差。

　　计量器具在使用过程中零件的变形、滑动表面的磨损等会产生测量误差。

　　此外，相对测量时使用的标准量（如量块）的制造误差也会产生测量误差。

　　2）方法误差

　　方法误差是指测量方法不完善（包括计算公式不准确、测量方法选择不当、工件安装、定位不准确等）所引起的误差。例如，在接触测量中，由于测头测量力的影响，使被测零件和测量装置产生变形而产生的测量误差。

　　3）环境误差

　　环境误差是指测量时环境条件不符合标准的测量条件所引起的误差。例如，环境温度、湿度、气压、照明（引起视差）等不符合标准，以及振动、电磁场等的影响都会产生测量误差，其中尤以温度的影响最为突出。例如，在测量长度时，规定的标准温度为 20 ℃，但是在实际测量时被测零件和计量器具的温度均会产生或大或小的偏差，而当被测零件和计量器具的材料不同时，它们的线膨胀系数也不同，这将产生一定的测量误差，其大小 δ 可按下式进行计算：

$$\delta = x\left[\alpha_1(t_1 - 20\ ℃) - \alpha_2(t_2 - 20\ ℃)\right]$$

式中　x——被测长度；

　α_1，α_2——被测零件、计量器具的线膨胀系数；

　t_1，t_2——测量时被测零件、计量器具的温度（℃）。

因此，测量时应根据测量精度的要求，合理控制环境温度，以减小温度对测量精度的影响。

4）人员误差

人员误差是指测量人员主观因素（分辨能力、思想情绪等）和操作技术所引起的误差。例如，测量人员使用计量器具不正确、测量瞄准不准确、读数或估读错误等，都会产生测量误差。

3. 测量误差的分类

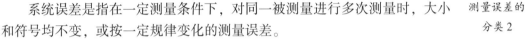

测量误差按其性质可分为系统误差、随机误差和粗大误差三大类。

1）系统误差

系统误差是指在一定测量条件下，对同一被测量进行多次测量时，大小和符号均不变，或按一定规律变化的测量误差。

测量误差的
分类2

系统误差分为定值系统误差和变值系统误差。定值系统误差在整个测量过程中，误差的符号和大小均不变，例如用量块调整比较仪时，量块按标称尺寸使用时其制造误差引起的测量误差；千分尺零位调整不正确引起的测量误差，它们对各次测量引起的测量误差相同。变值系统误差在整个测量过程中，误差按一定规律变化，例如刻度盘与指针回转轴偏心所引起的按正弦规律周期变化的测量误差。

根据系统误差的变化规律，系统误差可以用计算或实验对比的方法确定，用修正值从测量结果中予以消除。但在某些情况下，系统误差由于变化规律比较复杂，不易确定，因而难以消除。

2）随机误差

随机误差是指在一定测量条件下，多次测量同一被测量时，大小和符号以不可预定的方式变化的测量误差。

随机误差主要是由测量过程中许多难以控制的偶然因素或不稳定因素引起的，是不可避免的。例如计量器具中机构的间隙、运动件间摩擦力的变化、测量力的不恒定和测量温度的波动等引起的误差都是随机误差。

（1）随机误差的分布规律及特性。就某一次具体测量来说，随机误差的大小和符号无法预先知道。但是，在对同一被测量进行多次重复测量时，发现它们的随机误差分布服从统计规律，通过大量的测试实验表明，随机误差通常服从正态分布。现举例分析如下：

例如，用同样的方法在相同的条件下对一轴同一部位尺寸测量 200 次，得到 200 个测得值，其中最大值为 20.012 mm，最小值为 19.990 mm，然后按测得值大小分为 11 组，分组间隔为 0.002 mm，有关数据见表 1-10。

表 1-10 测量数据统计表

组别	测得值分组区间/mm	区间中心值/mm	出现次数 n_i	出现频率 n_i/n
1	19.990~19.992	19.991	2	0.01
2	19.992~19.994	19.993	4	0.02
3	19.994~19.996	19.995	10	0.05
4	19.996~19.998	19.997	24	0.12
5	19.998~20.000	19.999	37	0.185
6	20.000~20.002	20.001	45	0.225
7	20.002~20.004	20.003	39	0.195
8	20.004~20.006	20.005	23	0.115
9	20.006~20.008	20.007	12	0.06
10	20.008~20.010	20.009	3	0.015
11	20.010~20.012	20.011	1	0.005

根据表 1-10 中的数据画出频率直方图，横坐标表示测得值 x，纵坐标表示出现次数或频率，连接直方图各顶线中点，得到一条折线，称为实际分布曲线，如图 1-25（a）所示。

如果将上述实验的测量次数无限增大，分组间隔无限缩小，则实际分布曲线就会变成一条光滑的正态分布曲线，也叫高斯曲线，如图 1-25（b）所示。横坐标表示随机误差 δ，纵坐标表示概率密度函数 y。

从随机误差正态分布曲线图可分析得出，随机误差具有下列四个基本特性：

①单峰性。绝对值越小的随机误差出现的概率越大，反之则越小。

②对称性。绝对值相等的正、负随机误差出现的概率相等。

③有界性。在一定测量条件下，随机误差的绝对值不会超出一定的界限。

④抵偿性。随着测量次数的增加，各次随机误差的算术平均值趋于零，即各次随机误差的代数和趋于零。

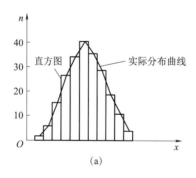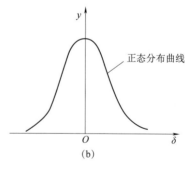

图 1-25 随机误差的分布

（a）频率直方图；（b）正态分布曲线

（2）随机误差的评定指标。根据概率论，正态分布曲线的数学表达式为

$$y = \frac{1}{\sigma\sqrt{2\pi}}\exp\left(-\frac{\delta^2}{2\sigma^2}\right) \tag{1-25}$$

式中 y——概率密度；

σ——标准偏差；

δ——随机误差。

从式（1-25）中可以看出，概率密度 y 与随机误差 δ 及标准偏差 σ 有关。当 $\delta=0$ 时，概率密度最大，$y_{max}=\dfrac{1}{\sigma\sqrt{2\pi}}$，概率密度的最大值随标准偏差大小的不同而异。如图 1-26 所示的三条正态分布曲线 1、2 和 3 中，$\sigma_1<\sigma_2<\sigma_3$，则 $y_{1max}>y_{2max}>y_{3max}$。由此可见，$\sigma$ 越小，则曲线就越陡，随机误差的分布就越集中，测量精度就越高；反之，σ 越大，则曲线就越平坦，随机误差的分布就越分散，测量精度就越低。标准偏差是反映随机误差分散程度的参数，是正态分布时随机误差的评定指标。

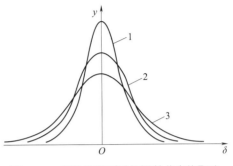

图 1-26　标准偏差对随机误差分布的影响

按照误差理论，标准偏差 σ 可用下式计算：

$$\sigma=\sqrt{\frac{\delta_1^2+\delta_2^2+\cdots+\delta_n^2}{n}} \tag{1-26}$$

式中 δ_1，δ_2，$\cdots$，δ_n——测量列中各测得值相应的随机误差；

n——测量次数。

（3）随机误差的极限值。由随机误差的有界性可知，随机误差不会超过某一范围。随机误差的极限值就是测量极限误差。

由概率论可知，正态分布曲线和横坐标轴间所包含的面积等于所有随机误差出现的概率总和。倘若随机误差区间落在（$-\infty\sim+\infty$）之间，则其概率为

$$P=\int_{-\infty}^{+\infty}y\mathrm{d}\delta=\int_{-\infty}^{+\infty}\frac{1}{\sigma\sqrt{2\pi}}\mathrm{e}^{-\frac{\delta^2}{2\sigma^2}}\mathrm{d}\delta=1$$

如果随机误差区间落在（$-\delta\sim+\delta$）之间，则其概率为

$$P=\int_{-\delta}^{+\delta}y\mathrm{d}\delta=\int_{-\delta}^{+\delta}\frac{1}{\sigma\sqrt{2\pi}}\mathrm{e}^{-\frac{\delta^2}{2\sigma^2}}\mathrm{d}\delta$$

为了化成标准正态分布，将上式进行变量置换，设

$$t=\frac{\delta}{\sigma},\ \mathrm{d}t=\frac{\mathrm{d}\delta}{\sigma}$$

则上式化为

$$P=\frac{1}{\sqrt{2\pi}}\int_{-t}^{+t}\mathrm{e}^{-\frac{t^2}{2}}\mathrm{d}t=\frac{2}{\sqrt{2\pi}}\int_0^t\mathrm{e}^{-\frac{t^2}{2}}\mathrm{d}t$$

令 $P=2\phi(t)$，则

$$\phi(t)=\frac{1}{\sqrt{2\pi}}\mathrm{e}^{-\frac{t^2}{2}}\mathrm{d}t$$

函数 $\phi(t)$ 称为概率积分函数，也称拉普拉斯函数。

表1-11给出了$t=1$、2、3、4四个特殊值所对应的$2\phi(t)$值和$[1-2\phi(t)]$值。由此表可见，当$t=3$时，在$\delta=\pm3\sigma$范围内的概率为99.73%，δ超出该范围的概率仅为0.27%。这样，绝对值大于3σ的随机误差出现的可能性几乎等于零。因此，可取$\delta=\pm3\sigma$作为随机误差的极限值，记作

$$\delta_{lim}=\pm3\sigma \tag{1-27}$$

显然，δ_{lim}可称测量列中单次测量值的极限误差。

选择不同的t值，就对应有不同的概率，测量极限误差的可信程度也就不一样。随机误差在$\pm3\sigma$范围内出现的概率，称为置信概率，t称为置信因子或置信系数。在几何量测量中，通常取置信因子$t=3$，则置信概率为99.73%。例如，某次测量的测得值为40.002 mm，若已知标准偏差$\sigma=0.000\ 3$ mm，置信概率取99.73%，则测量结果应为

$$40.002\pm3\times0.000\ 3=40.002\pm0.000\ 9(mm)$$

即被测量的真值有99.73%的可能性为40.001 1~40.002 9 mm。

表1-11 四个特殊t值对应的概率

t	$\delta=\pm t\sigma$	不超出$|\delta|$的概率$P=2\phi(t)$	超出$|\delta|$的概率$\alpha=1-2\phi(t)$
1	1σ	0.682 6	0.317 4
2	2σ	0.954 4	0.045 6
3	3σ	0.997 3	0.002 7
4	4σ	0.999 36	0.000 64

3）粗大误差

粗大误差是指超出一定测量条件下预计的测量误差，即对测量结果产生明显歪曲的测量误差。含有粗大误差的测得值称为异常值，它的数值比较大。粗大误差的产生有主观和客观两方面的原因，主观原因如测量人员疏忽造成的读数误差，客观原因如外界突然振动引起的测量误差。由于粗大误差会明显歪曲测量结果，因此在处理测量数据时应根据判别粗大误差的准则设法将其剔除。

应当指出，系统误差和随机误差的划分并不是绝对的，它们在一定的条件下是可以相互转化的。例如，按一定公称尺寸制造的量块总是存在着制造误差，对某一具体量块来讲，可认为该制造误差是系统误差，但对一批量块而言，制造误差是变化的，可以认为它是随机误差。在使用某一量块时，若没有检定该量块的尺寸偏差，而按量块标称尺寸使用，则制造误差属随机误差；若检定出该量块的尺寸偏差，按量块实际尺寸使用，则制造误差属系统误差。掌握误差转化的特点，可根据需要将系统误差转化为随机误差，用概率论和数理统计的方法来减小该误差的影响；或将随机误差转化为系统误差，用修正的方法减小该误差的影响。

4. 测量精度的分类

测量精度是指被测量的测得值与其真值的接近程度，它和测量误差是从两个不同角度说明同一概念的术语。测量误差越大，则测量精度就越低；测量误差越小，则测量精度就越高。为了反映系统误差和随机误差对测量结果的不同影响，测量精度可分为以下几种。

1）正确度

正确度反映测量结果中系统误差的影响程度。若系统误差小，则正确度高。

2）精密度

精密度反映测量结果中随机误差的影响程度。若随机误差小，则精密度高。

3）准确度

准确度反映测量结果中系统误差和随机误差的综合影响程度。若系统误差和随机误差都小，则准确度高。

对于具体的测量，若精密度高，则正确度不一定高；若正确度高，则精密度不一定高；若精密度和正确度都高，则准确度一定高。现以打靶为例加以说明，如图 1-27 所示，小圆圈表示靶心，黑点表示弹孔。在图 1-27（a）中，随机误差小而系统误差大，表示打靶精密度高而正确度低；在图 1-27（b）中，系统误差小而随机误差大，表示打靶正确度高而精密度低；在图 1-27（c）中，系统误差和随机误差都小，表示打靶准确度高。

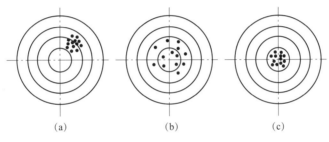

图 1-27　测量精度

知识点 5　测量误差的处理

通过对某一被测量进行连续多次的重复测量，得到一系列的测量数据（测得值），称为测量列，可以对该测量列进行数据处理，以消除或减小测量误差的影响，提高测量精度。

1. 测量列中随机误差的处理

在一定测量条件下，对同一被测量连续多次测量，得到一测量列，假设其中不存在系统误差和粗大误差，则可以用数理统计的方法估算随机误差的范围和分布规律，进而确定测量结果。具体处理过程如下：

1）测量列的算术平均值

设测量列的测得值为 x_1，x_2，$\cdots$，x_n，则算术平均值为

$$\bar{x} = \frac{\sum_{i=1}^{N} x_i}{n}$$ （1-28）

随机误差的
处理

式中　n——测量次数。

2）残差

残余误差（简称残差）是指测量列中的各个测得值 x_i 与该测量列算术平均值 $\bar{x}$ 之差，记为 v_i，即

$$v_i = x_i - \bar{x} \qquad (1-29)$$

残差具有以下两个特性：

（1）残差的代数和等于零，即 $\sum\limits_{i=1}^{n} v_i = 0$。这一特性可以用来校核算术平均值及残差计算的准确性。

（2）残差的平方和为最小，即 $\sum\limits_{i=1}^{n} v_i^2 = \min$。由此可以说明，用算术平均值作为测量结果是最可靠且最合理的。

3）测量列中单次测得值的标准偏差

标准偏差 σ 是表征随机误差集中与分散程度的指标。由于被测几何量的真值未知，所以不能按式（1-26）计算标准偏差 σ 的数值。在实际测量中，当测量次数 n 充分大时，随机误差的算术平均值趋于零，因此可以用测量列的算术平均值代替真值，即可用 v_i 代替 δ_i，按贝塞尔（Bessel）公式计算出单次测得值标准偏差的估计值。贝塞尔公式为

$$\sigma = \sqrt{\dfrac{\sum\limits_{i=1}^{N} v_i^2}{n-1}} \qquad (1-30)$$

此时，单次测得值的测量结果 x_e 可表示为

$$x_e = x_i \pm 3\sigma \qquad (1-31)$$

4）测量列算术平均值的标准偏差

若在一定测量条件下，对同一被测量进行多组测量（每组皆测量 n 次），则对应每组 n 次测量都有一个算术平均值，各组的算术平均值不相同。不过，它们的分散程度要比单次测量数值的分散程度小得多。描述它们的分散程度同样可以用标准偏差作为评定指标，如图 1-28 所示。

根据误差理论，测量列算术平均值的标准偏差 $\sigma_{\bar{x}}$ 与测量列单次测得值的标准偏差 σ 存在以下关系：

$$\sigma_{\bar{x}} = \dfrac{\sigma}{\sqrt{n}} \qquad (1-32)$$

式中　n——每组的测量次数。

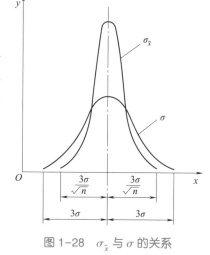

图 1-28　$\sigma_{\bar{x}}$ 与 σ 的关系

由式（3-32）可知，多组测量的算术平均值的标准偏差 $\sigma_{\bar{x}}$ 为单次测量值的标准偏差的 $\sqrt{n}$ 分之一。这说明测量次数越多，$\sigma_{\bar{x}}$ 就越小，测量精密度就越高，但由图 1-29 可知，当 σ 一定时，$n > 10$ 以后，$\sigma_{\bar{x}}$ 减小已经很缓慢，故测量次数不必过多，一般情况下取 $n = 10 \sim 15$ 次。

测量列算术平均值的测量极限误差为

$$\delta_{\lim(\bar{x})} = \pm 3\sigma_{\bar{x}} \qquad (1-33)$$

多次（组）测量所得算术平均值的测量结果 x_e 可表示为

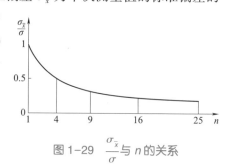

图 1-29　$\dfrac{\sigma_{\bar{x}}}{\sigma}$ 与 n 的关系

$$x_e = \bar{x} \pm 3\sigma_{\bar{x}} \tag{1-34}$$

2. 测量列中系统误差的处理

对系统误差，应寻找和分析其产生的原因及变化规律，以便从测量数据中发现并予以消除，从而提高测量精度。

1）定值系统误差的处理

定值系统误差的大小和符号均不变，因此它不改变测量误差分布曲线的形状，而只改变测量误差分布中心的位置。从测量列的原始数据本身，看不出定值系统误差存在与否，揭露定值系统误差，可以采用实验对比法：改变测量条件，对已测量的同一被测几何量进行一轮次数相同的连续测量，比较前后两列测得值，若两者没有差异，则不存在定值系统误差；若两者有差异，则表示存在定值系统误差。

例如，用比较仪测量线性尺寸时，按"级"使用量块测量，结果会产生定值系统误差，只有用级别更高的量块进行测量对比，才能发现前者的定值系统误差。此时，取该系统误差的反向值作为修正值，加到测量列的算术平均值之上，该系统误差即可消除。

2）变值系统误差的处理

变值系统误差的大小和符号按一定规律变化，因此它对测量列的各个测得值的影响不同，它不仅改变测量误差分布曲线的形状，而且改变测量误差分布中心的位置。为此，变值系统误差可以用残差观察法发现：将残差按测量顺序排列，然后观察它们的分布规律，若残差大体上正、负号相间出现，又没有显著变化，如图1-30（a）所示，则不存在变值系统误差；若各残差按近似的线性规律递增或递减，如图1-30（b）所示，则可判定存在线性系统误差。线性系统误差可以用对称测量法来消除：取对称两个测得值的平均值作为测量结果，若各残差的大小和符号有规律地周期变化，如图1-30（c）所示，则存在周期性系统误差。周期性系统误差可以用半周期法来消除，即取相隔半个周期的两个测量数据的平均值作为测量结果。

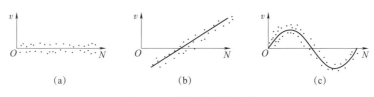

图1-30　系统误差的发现
（a）定值系统误差；（b）线性系统误差；（c）周期系统误差

从理论上讲，系统误差是可以消除的，但是，实际上系统误差由于其存在的复杂性，故只能消除到一定限度。一般来说，系统误差若能消除到使其影响相当于随机误差的程度，则认为已被消除。

根据已掌握的程度，可把系统误差分为已定系统误差和未定系统误差。前者的大小和符号或者变化规律已被掌握，而后者则尚未掌握。对于尚未掌握的未定系统误差，可以按处理随机误差的方法进行处理。

3. 测量列中粗大误差的处理

粗大误差的数值相当大，在测量中应尽可能避免。如果粗大误差已经产生，则应根据判断粗大误差的准则予以剔除。判别粗大误差的简便方法是拉依达准则。

拉依达准则又称±3σ准则，该准则认为，当测量列服从正态分布时，残差落在±3σ外的概率仅有0.27%，即在连续370次测量中只有一次测量的残差超出±3σ，而实际上连续测量的次数绝不会超过370次，即测量列中不应该有超出±3σ的残差。因此，当测量列中出现绝对值大于±3σ的残差，即

$$|v_i| > 3\sigma \tag{1-35}$$

则认为该残差对应的测得值含有粗大误差，应予以剔除。

当测量次数小于或等于10时，不能使用拉依达准则。

4. 等精度测量列的数据处理

等精度测量是指在相同的测量条件下，由同一测量者，以同样的测量方法，使用同一计量器具，在同一地点对同一被测量进行连续多次测量；相反，在对同一被测量的连续多次测量过程中，若测量因素或测量条件有所改变，则这样的测量称为不等精度测量。在一般情况下，为简化对测量数据的处理，广泛采用等精度的直接测量。

为了得到正确的测量结果，在处理等精度直接测量列数据的过程中，首先应查找并判断测量列中是否存在系统误差，如果存在系统误差，则应采取措施（如在测量列中加入修正值）加以消除，然后计算测量列的算术平均值、残差和单次测得值的标准偏差；其次，应查找并判断测量列中是否存在粗大误差，若存在粗大误差，则应把含有粗大误差的测得值剔除，然后重新组成测量列。重复上述计算，直至将所有含有粗大误差的测得值剔清为止。在此以后，应重新计算消除系统误差且剔除粗大误差后的测量列的算术平均值、残差、单次测得值的标准偏差、算术平均值的标准偏差和测量极限误差。最后，在此基础上确定测量结果。

［例1-3］ 对某一轴径 d 进行等精度测量15次，各测得值依次列于表1-12中，求测量结果。

解 根据题意可按下列步骤计算：

（1）判断定值系统误差。

假设经过判断，测量列中不存在定值系统误差。

（2）求测量列算术平均值。

$$\bar{x} = \frac{\sum\limits_{i=1}^{N} x_i}{n} = 24.957 \text{ mm}$$

表1-12 测量数据计算表

测量序号	测得值 x_i/mm	残差 $v_i = x_i - \bar{x}$/μm	残差的平方 v_i^2/μm²
1	24.959	+2	4
2	24.955	-2	4

测量序号	测得值 x_i/mm	残差 $v_i = x_i - \bar{x}$/μm	残差的平方 v_i^2/μm²
3	24.958	+1	1
4	24.957	0	0
5	24.958	+1	1
6	24.956	−1	1
7	24.957	0	0
8	24.958	+1	1
9	24.955	−2	4
10	24.957	0	0
11	24.959	+2	4
12	24.955	−2	4
13	24.956	−1	1
14	24.957	0	0
15	24.958	+1	1
算术平均值 $\bar{x} = 24.957$ mm		$\sum\limits_{i=1}^{n} v_i = 0$	$\sum\limits_{i=1}^{n} v_i^2 = 26$ μm²

（3）计算残差并判断变值系统误差。

各残差的数值列于表 1-12 中。按残差观察法，这些残差的符号大体上正、负相间，但不是周期变化，因此可以判断该测量列中不存在变值系统误差。

（4）计算测量列单次测得值的标准偏差。

$$\sigma = \sqrt{\frac{\sum\limits_{i=1}^{N} v_i^2}{n-1}} = \sqrt{\frac{26}{15-1}} \approx 1.3(\mu m)$$

（5）判断粗大误差。

按照拉依达准则，测量列中没有出现绝对值大于 $3\sigma[3 \times 1.3 = 3.9(\mu m)]$ 的残差，因此判定测量列中不存在粗大误差。

（6）计算测量列算术平均值的标准偏差。

$$\sigma_{\bar{x}} = \frac{\sigma}{\sqrt{n}} = \frac{1.3}{\sqrt{15}} \approx 0.35(\mu m)$$

（7）计算测量列算术平均值的测量极限误差。

$$\delta_{\lim(\bar{x})} = \pm 3\sigma_{\bar{x}} = \pm 3 \times 0.35 = \pm 1.05(\mu m)$$

（8）确定测量结果。

$$d_e = \bar{x} + \delta_{\lim(\bar{x})} = 24.957 \pm 0.001(mm)$$

任务三　孔、轴装配精度检测

任务引入

配合是基本尺寸相同的相互结合的孔和轴公差带之间的关系，决定结合的松紧程度。孔的尺寸减去相配合轴的尺寸所得的代数差为正时称间隙，为负时称过盈。

孔、轴装配图如图 1-31 所示。

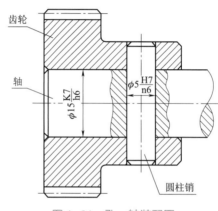

图 1-31　孔、轴装配图

学习目标

（1）掌握公差与配合选择的方法，能够进行尺寸精度设计；
（2）掌握测量误差数据处理的方法；
（3）掌握确定验收极限的方法，会选择计量器具；
（4）培养学生建立职业理想和良好职业道德的标准。

任务分组

学生任务分配表

班级		组号		指导教师	
组长		学号			
组员	姓名	学号		姓名	学号

获 取 信 息

引导问题 1：公差与配合的选择

（1）在选择基准制时应考虑哪些问题？

_____

_____

_____

基准制的选择

（2）在选择公差等级时应考虑哪些问题？

_____

_____

_____

（3）简述工艺等价性的内容。

_____

_____

_____

_____

（4）在确定配合时应考虑哪些问题？

_____

_____

_____

_____

（5）简述过盈配合时如何进行装配。

_____

_____

_____

_____

（6）工作条件对配合有哪些要求？

_____

_____

_____

_____

（7）有一对孔、轴配合，公称尺寸为 $\phi 45$ mm，要求过盈为 $-45 \sim -86$ μm，试确定它们的公差等级、孔、轴配合代号和极限偏差值。

_____

_____

引导问题 2：光滑工件尺寸的检测

（1）简述误收和误废的含义。

（2）简述验收极限方式的确定。

（3）简述验收极限方式的选择原则。

（4）简述计量器具选择的基本原则。

（5）试确定测量 $\phi45f7$ $\left(^{-0.025}_{-0.050}\right)$ ⑥轴时的验收极限，并选择计量器具。判断该轴可否使用分度值为 0.01 mm 的外径千分尺进行比较测量，并加以分析。

引导问题 3：测量工件核心尺寸

（1）量仪规格及有关参数。

测量仪器	名称		分度值	示值范围	测量范围
被测零件	名称	被测公称尺寸及极限偏差		量块组中各量块尺寸	

（2）数据记录与处理。

供 方:			零件编号:		
检验员:			零件名称:		
项目	尺寸	公差	检测设备	实测值	合格判断

（3）测量结果判断分析。

_____

_____

_____

_____

_____

评 价 反 馈

各组代表展示作品，介绍任务的完成过程。作品展示前应准备阐述材料，并完成评价表。

学生自评表

任务	完成情况记录
任务是否按计划时间完成	
相关理论完成情况	
技能训练情况	
任务完成情况	
任务创新情况	
材料上交情况	
收获	

学生互评表

序号	评价项目	小组互评	教师评价	点评
1				
2				
3				
4				
5				
6				

教师评价表

序号	评价项目	自我评价	互相评价	教师评价	综合评价
1	学习准备				
2	引导问题填写				
3	规范操作				
4	完成质量				
5	关键操作要领掌握				
6	完成速度				
7	参与讨论的主动性				
8	沟通协作				
9	展示汇报				

注：评价档次统一采用 A（优秀）、B（良好）、C（合格）、D（努力）4 个。

知 识 链 接

知识点 1　公差与配合的选择

公差与配合的选择是机械产品设计中的重要环节，直接影响机械产品的使用性能和制造成本。公差配合的选择包括配合制、公差等级和配合种类三个方面的选择。选择的原则是在满足使用要求的前提下，获得最佳的技术经济效益。

公差与配合的选择方法有类比法、计算法和试验法三种。

类比法就是参照现有的同类型机器或机构中经生产实践验证过的配合，再结合所设计产品的使用要求和应用条件来确定配合的一种方法，这是确定公差与配合的主要方法，应用最广。

计算法是按一定的理论和公式，通过计算来确定公差与配合。按计算法选取公差与配合，理论依据比较充分，但由于影响因素复杂，计算比较困难或麻烦，特别是计算法把条件都理想化和简单化了，因此计算结果不一定完全符合实际。但这种方法具有指导意义，随着科学技术的发展和计算机的广泛应用，计算法会日趋完善，其应用会逐渐增多。

试验法就是通过多次试验并对试验结果进行统计分析，找到最合理的间隙或过盈，从而确定公差与配合的一种方法。试验法最为可靠，但代价高、周期长，故只用于特别重要的场合。

知识点 2　配合制的选择

1. 配合制的选择

配合制包括基孔制和基轴制，由于同名配合配合性质相同，即同名的基孔制和基轴制能够实现同样的配合要求，所以配合制的选择与使用要求无关。在进行配合制选择时，主要从零件的结构、工艺性和经济性等几方面综合考虑。

1）优先选用基孔制

一般情况下应优先选用基孔制。因为孔通常使用定值刀具（如钻头、铰刀、拉刀等）加工，使用塞规检验，故每一种定值刀具与塞规只能加工和检验特定尺寸的孔；轴通常使用通用刀具（如车刀、砂轮等）加工，使用通用计量器具（如千分尺、比较仪等）检验，一种刀具与计量器具可以加工和检测不同尺寸的轴。所以，采用基孔制，可以减少定值刀具和塞规的数量，既经济又合理。

2）选用基轴制的场合

（1）冷拉钢直接做轴。直接使用一定精度而不需要进行切削加工的冷拉钢材做轴，与其他零件的孔配合，此时应采用基轴制。这种情况主要用于农业机械和纺织机械中。

（2）结构要求。同一公称尺寸的轴上装有不同配合要求的孔件时应采用基轴制。如图 1-32（a）所示，活塞连杆机构中的活塞销同时与连杆孔和活塞孔配合，根据工作要求，活塞销与活塞孔配合紧些，采用过渡配合；活塞销与连杆孔配合松些（连杆需转动），采用间隙配合。若采用基孔制配合，如图 1-32（b）所示，销轴需做成阶梯状，这样既不便于加工，又不利于装配（装配时会将连杆孔刮伤）；若采用基轴制配合，如图 1-32（c）所示，销轴做成光轴，则便于加工和装配。

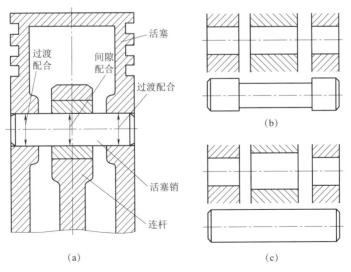

图 1-32　基轴制选用示例

（a）活塞连杆机构；（b）基孔制配合；（c）基轴制配合

3）根据标准件选择配合制

若与标准件配合，则必须以标准件为基准来选择配合制。例如，滚动轴承外圈与外壳孔配合应采用基轴制，滚动轴承内圈与轴颈配合应采用基孔制。

4）特殊情况选用非配合制

非配合制配合是指由不包含基本偏差 H 和 h 的任一孔、轴公差带组成的配合。当一个孔（轴）与几个轴（孔）配合，而配合要求各不相同时，则有的配合需采取非配合制。如图 1-33 所示，在箱体孔中装有滚动轴承和端盖，由于滚动轴承是标准件，故它与箱体孔的配合为基轴制，选箱体孔的公差带为 J7。而端盖需要经常装拆，应选用间隙配合，若采用基轴制配合 J/h，则属过渡配合，配合过紧。所以，端盖的公差带不能用 h，只能采用非配合制公差带，考虑端盖的性能要求和加工的经济性，采用公差等级 9 级，最后选择端盖和箱体孔之间的配合为 J7/f9。

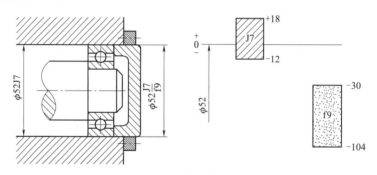

图 1-33　非配合制选用示例

知识点 3　公差等级的选择

1. 公差等级的选择

选择公差等级时，需要处理好零件使用要求、制造工艺和加工成本之间的关系。因此，选择公差等级的基本原则是：在满足使用要求的前提下，尽量选取低的公差等级。

公差等级的
选择

公差等级的选择常采用类比法，应熟悉各公差等级的应用范围和各种加工方法所能达到的公差等级，具体见表 1-13 和表 1-14。

在用类比法选择公差等级时，还应考虑以下几个问题。

1）工艺等价性

工艺等价性是指相互配合的孔、轴加工难易程度大致相同。在实际生产中，公差等级较高时，同等级的孔比轴加工困难，要满足工艺等价性，相互配合的孔、轴公差等级的选取一般遵循以下规则：

（1）公差等级<8 级的孔与比它高一级的轴相配，例如，H6/f5、K7/h6。

（2）公差等级=8 级的孔与同级或比它高一级的轴相配，视具体情况而定，例如，H8/t8、F8/h7。

（3）公差等级>8 级的孔与同级的轴相配，例如，H9/c9、D10/h10。

2）配合性质及加工成本

对于过渡配合或过盈配合，一般不允许其间隙或过盈的变动量太大，即公差等级不能太低，孔的公差等级应不低于 8 级，轴的公差等级应不低于 7 级，例如，H7/k6、T6/h5。

对于间隙配合，间隙小的配合公差等级较高，间隙大的配合公差等级较低，例如，H6/g5、A11/h11。

对于间隙较大的间隙配合，孔和轴之一若由于某种原因必须选用较高公差等级，则与它相配的轴或孔的公差等级可以低二、三级，以便于满足使用要求的前提下降低加工成本。例如图 1-33 中箱体孔与端盖的配合 J7/f9。

3）相配或相关零件的精度

某些孔、轴的公差等级取决于与它相配或相关零件的精度。例如，与滚动轴承内、外圈配合的轴颈和外壳孔的公差等级决定于滚动轴承的类型和精度；与齿轮孔配合的轴的公差等级取决于齿轮的精度等级。

表 1-13 公差等级的应用

应用	公差等级（IT）																			
	01	0	1	2	3	4	5	6	7	8	9	10	11	12	13	14	15	16	17	18
量块	━	━	━																	
量规			━	━	━	━	━	━	━											
配合尺寸							━	━	━	━	━	━	━	━						
特别精密零件				━	━	━	━													
非配合尺寸														━	━	━	━	━	━	━
原材料										━	━	━	━	━	━	━				

表 1-14 各种加工方法的加工精度

加工方法	公差等级（IT）																			
	01	0	1	2	3	4	5	6	7	8	9	10	11	12	13	14	15	16	17	18
研磨	━	━	━	━	━	━	━													
珩磨						━	━	━	━											

续表

加工方法	公差等级（IT）																			
	01	0	1	2	3	4	5	6	7	8	9	10	11	12	13	14	15	16	17	18
圆磨							█	█	█	█										
平磨							█	█	█	█										
金刚石车							█	█	█											
金刚石镗							█	█	█											
拉削							█	█	█											
铰孔								█	█	█										
车									█	█	█	█	█							
镗									█	█	█	█	█							
铣										█	█	█	█							
刨、插												█	█							
钻孔												█	█	█						
滚压、挤压												█	█							
冲压												█	█	█	█	█				
压铸													█	█	█					
粉末冶金成形								█	█											

续表

加工方法	公差等级（IT）																		
	01	0	1	2	3	4	5	6	7	8	9	10	11	12	13	14	15	16	17	18
粉末冶金烧结									███			███							
砂型铸造、气割																	███			███
锻造																	███			███

知识点 4 配合种类的选择

1. 配合种类的选择

配合种类的选择是为了确定相互配合的孔与轴在工作时的关系，保证机器各零件协调工作，完成预定任务。在确定了配合制和公差等级之后，选择配合种类的实质就是确定非基准件的基本偏差代号。

配合的选择

1）根据使用要求确定配合类别

（1）间隙配合。对工作中有相对运动（转动或移动）或虽无相对运动而要求装拆方便的场合，应选用间隙配合。对有相对运动的间隙配合，相对运动速度越高，润滑油黏度越大，配合应越松。一般对于精密滑动或回转，要求间隙小且间隙的变动量也小；而对于松动配合，间隙要求较大且间隙的变动量也较大。因此，对有相对运动的间隙配合，其间隙大小与公差等级有关，间隙小，公差等级高；反之，公差等级低。这反映了间隙配合的一般规律。

（2）过渡配合。过渡配合主要用于既要求对中性，又要求装拆方便的场合。此时，传递载荷（转矩或轴向力）必须加键或销等连接件。为了保证对中性，过渡配合最大间隙 X_{max} 应小，而为了保证装拆方便，其最大过盈 Y_{max} 也应小，这样配合公差（$T_{f} = |X_{max} - Y_{max}|$）就小。所以组成过渡配合的孔、轴应有较高的公差等级，一般为IT5～IT8级。当对中性要求高、不常装拆、传递的载荷大、冲击和振动大时，应选用较紧的配合，例如，H7/m6、H7/n6；反之，选用较松的配合，例如，H7/k6、H7/js6。

（3）过盈配合。对于不附加紧固件，完全靠过盈来保证固定或传递载荷的场合，应选用过盈配合。其选择原则是最小过盈应保证能传递或承受工作载荷，最大过盈又不至于使相配件的材料因应力过大而产生塑性变形甚至发生破裂。对于不传递载荷，只作定位用的过盈配合，宜采用基本偏差 r、s（R、S）组成的配合；冲击、振动较大的，则应选用过盈量较大的过盈配合；主要靠连接件（键、销等）传递载荷的配合，选用小过盈配合增加连接可靠性即可。

配合类别选择的大体方向见表1-15；各种基本偏差的应用见表1-16；在满足配合要求的前提下，应尽量选择各种优先配合，优先配合的特征及应用见表1-17。这些在设计时可供参考。

表 1-15　配合类别选择表

无相对运动	需传递转矩	要精确同轴	永久结合	过盈配合
			可拆结合	过渡配合或基本偏差为 H（h）的间隙配合加紧固件
		不要精确同轴		间隙配合加紧固件
	不需要传递转矩			过渡配合或小过盈配合
有相对运动	只有移动			基本偏差为 H（h）、G（g）等的间隙配合
	转动或转动和移动复合运动			基本偏差为 A~F（a~f）等的间隙配合

表 1-16　各种基本偏差的应用

配合	基本偏差	各种基本偏差的特点及应用实例
间隙配合	a（A） b（B）	可得到特别大的间隙，很少采用。主要用于工作时温度高、热变形大的零件的配合，如内燃机中铝活塞与气缸套孔的配合为 H9/a9
	c（C）	可得到很大的间隙。一般用于工作条件较差（如农业机械）、工作时受力变形大及装配工艺性不好的零件的配合，也适用于高温工作的间隙配合，如内燃机排气阀杆与导管的配合为 H8/c7
	d（D）	与 IT7~IT11 对应，适用于较松的间隙配合（如滑轮、活套的带轮与轴的配合），以及大尺寸滑动轴承与轴颈的配合（如涡轮机、球磨机等的滑动轴承）。活塞环与活塞环槽的配合可用 H9/d9
	e（E）	与 IT6~IT9 对应，具有明显的间隙，用于大跨距及多支点的转轴轴颈与轴承的配合，以及高速、重载的大尺寸轴颈与轴承的配合，如大型电动机、内燃机的主要轴承处的配合为 H8/e7
	f（F）	多与 IT6~IT8 对应，用于一般的转动配合，受温度影响不大，采用普通润滑油的轴颈与滑动轴承的配合，如齿轮箱、小电机、泵等的转轴轴颈与滑动轴承的配合为 H7/f6
	g（G）	多与 IT5~IT7 对应，形成配合的间隙较小，用于轻载精密装置中的转动配合，插销的定位配合，滑阀、连杆销等处的配合，钻套导向孔多用 G6
	h（H）	多与 IT4~IT11 对应，广泛用于无相对转动的配合、一般的定位配合。若没有温度、变形的影响，也可用于精密轴向移动部位，如车床尾座导向孔与滑动套筒的配合为 H6/h5
过渡配合	js（JS）	多与 IT4~IT7 具有平均间隙的过盈配合，用于略有过盈的定位配合，如联轴器、齿圈与轮毂的配合，滚动轴承外圈与外壳孔的配合多用 JS7。一般用手或木槌装配
	k（K）	多与 IT4~IT7 具有平均间隙接近零的配合，用于定位配合，如滚动轴承的内、外圈分别与轴颈、外壳孔的配合。一般用木槌装配

续表

配合	基本偏差	各种基本偏差的特点及应用实例
过渡配合	m（M）	多与IT4~IT7具有平均过盈较小的配合，用于精密的定位配合，如涡轮的青铜轮缘与轮毂的配合为H7/m6
	n（N）	多与IT4~IT7具有平均过盈较大的配合，很少形成间隙，用于加键传递较大转矩的配合，如冲床上齿轮的孔与轴的配合。用锤子或压力机装配
过盈配合	p（P）	用于过盈小的配合。与H6或H7孔形成过盈配合，而与h8孔形成过渡配合。碳钢和铸铁零件形成的配合为标准压入配合，如卷扬机绳轮的轮毂与齿圈的配合为H7/p6。合金钢零件的配合需要过盈小时可用p（或P）
	r（R）	用于传递大转矩或受冲击负荷而需要加键的配合，如蜗轮机与轴的配合为H7/r6。必须注意，H8/r8配合在公称尺寸<100 mm时，为过渡配合
	s（S）	用于钢和铸铁零件的永久性和半永久性结合，可产生相当大的结合力，如套环压在轴、阀座上用H7/s6配合
	t（T）	用于钢和铸铁零件的永久性结合，不用键就可以传递转矩，需用热套法或冷轴法装配，如联轴器与轴的配合为H7/t6
	u（U）	用于过盈大的配合，最大过盈需验算，用热套法进行装配，如火车车轮轮毂孔与轴的配合为H6/u5
	v（V）、x（X）y（Y）、z（Z）	用于过盈特别大的配合，目前使用的经验和资料很少，须经试验后才能应用。一般不推荐

表1-17 优先配合的选用说明

优先配合		说明
基孔制	基轴制	
H11/c11	C11/h11	间隙非常大。用于很松、转动很慢的动配合；要求大公差与大间隙的外露组件；要求装配方便的很松的配合
H9/d9	D9/h9	间隙很大的自由转动配合。用于精度非主要要求，或有大的温度变动、高转速或大的轴颈压力时
H8/f7	F8/h7	间隙不大的转动配合。用于中等转速与中等轴颈压力的精确转动，也用于装配较易的中等定位配合
H7/g6	G7/h6	间隙量很小的滑动配合。用于不希望自由转动，但可自由移动和滑动并精密定位时，也可用于要求明确的定位配合
H7/h6 H8/h7 H9/h9 H11/h11		均为间隙定位配合，零件可自由装拆，而工作时一般相对静止不动。在孔为下极限尺寸（或轴为上极限尺寸）时间隙为零；在孔为上极限尺寸（或轴为下极限尺寸）时间隙由公差等级决定

续表

优先配合		说明
基孔制	基轴制	
H7/k6	K7/h6	过渡配合。用于精密定位
H7/n6	N7/h6	过渡配合。允许有较大过盈的更精密定位
H7/p6	P7/h6	小过盈配合。用于定位精度特别重要时，能以最好的定位精度达到部件的刚性及对中的性能要求，而对内孔承受压力无特殊要求，不依靠配合的紧固性传递摩擦负荷
H7/s6	S7/h6	中等压入配合。适用于一般钢件，或用于薄壁件的冷缩配合，用于铸铁件可得到最紧的配合
H7/u6	U7/h6	压入配合。适用于可以承受高压力的零件或不宜承受大压力的冷缩配合

2）工作条件对配合的要求

（1）热变形。国家标准规定的公差、图样上标注的配合以及测量条件等均以标准温度20 ℃为前提。当工作温度不是20 ℃，特别是孔、轴温度或线膨胀系数相差较大时，应考虑热变形的影响。这对于高温或低温下工作的机械尤为重要。

（2）装配变形。在机械结构中，经常遇到薄壁套筒装配后变形的问题。如图1-34所示，套筒外表面与机座孔的配合为过盈配合 $\phi80H7/u6$，套筒内孔与轴的配合为间隙配合 $\phi60H7/f6$。由于套筒外表面与机座孔的装配会产生过盈，故当套筒压入机座孔后，套筒内孔会收缩，使孔径变小，从而不能满足 $\phi60H7/f6$ 预定的间隙要求。因此，在选择套筒内孔与轴的配合时，应考虑装配变形的影响，具体办法有两个：其一是将套筒内孔加工的比 $\phi60H7$ 稍大，以补偿装配变形；其二是用工艺措施来保证，先将套筒压入机座孔内，再按 $\phi60H7$ 加工套筒内孔。

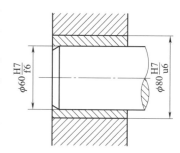

图1-34 装配变形对配合的影响

（3）生产类型。选择配合种类时，还应考虑生产类型（批量）的影响。在大批量生产时，多用"调整法"加工，加工后的尺寸通常遵循正态分布；单件小批生产时，多用"试切法"加工，加工后孔的尺寸多偏向下极限尺寸，轴的尺寸多偏向上极限尺寸，即孔和轴加工后的尺寸呈偏态分布。这样，对同一种配合，单件小批生产比大批量生产总体上就紧一些。因此，在选择配合时，对同一使用要求，单件小批生产采用的配合应比大批量生产要松一些。

如图1-35（a）所示，以 $\phi50H7/js6$ 为例，大批量生产时，尺寸按正态分布，获得过盈的概率只有千分之几，平均间隙为 $X_{av} = +12.5\ \mu m$；单件小批生产时，孔和轴的尺寸分别偏向孔的下极限尺寸和轴的上极限尺寸，$X'_{av} < X_{av}$，出现过盈的概率显著增加。为了满足使用要求，单件小批生产应选择松些的配合 $\phi50H7/h6$，如图1-35（b）所示。

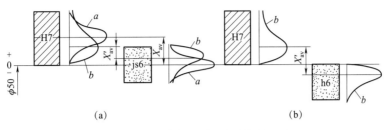

图 1-35 生产类型对配合选择的影响

（a）正态分布；（b）偏态分布

其次，配合件的材料、结合长度和形位误差等也会影响到配合的选择。不同工作条件下对过盈或间隙的影响见表 1-18。

表 1-18 工作条件对间隙或过盈的影响

具体情况	过盈	间隙
材料强度低	减	—
经常拆卸	减	—
有冲击载荷	增	减
工作时孔温高于轴温	增	减
工作时轴温高于孔温	减	增
配合长度增大	减	增
配合面形位误差增大	减	增
装配时可能歪斜	减	增
旋转速度增高	增	增
有轴向运动	—	增
润滑油黏度增大	—	增
表面粗糙度增大	增	减
装配精度高	减	减
单件生产相对于成批生产	减	增

3）配合选用实例

［例 1-4］有一孔、轴配合，其公称尺寸为 $\phi50$ mm，要求配合间隙在 +0.025 ~ +0.089 mm 之间。试用计算法确定此配合的配合代号。

解

（1）选择配合制。

没有特殊要求，应选用基孔制，即孔的基本偏差代号为 H，EI＝0。

（2）确定公差等级。

由给定的条件可知，该配合为间隙配合，其配合公差为

$$T_f = |X_{max} - X_{min}| = |(+0.089) - (+0.025)| = 0.064(mm)$$

因为 $T_f = T_h + T_s = 0.064$ mm，根据工艺等价性，查表 1-2 可得：孔为 IT8 = 39 μm，轴为 IT7 = 25 μm，即

$$IT7 + IT8 = 0.025 + 0.039 = 0.064(mm)$$

满足要求。

（3）确定轴的基本偏差代号。

已选定基孔制配合，且孔公差等级为 IT8，则由 EI = 0、IT8 = 39 μm，可得 ES = +39 μm，那么，孔公差带为 $\phi50H8$ $\binom{+0.039}{0}$。

基孔制间隙配合，其轴的基本偏差为上偏差。根据 $X_{min} = EI - es = +0.025$ mm，可得

$$es = EI - X_{min} = 0 - (+0.025) = -0.025(mm)$$

查表 1-4，当 es = −0.025 mm 时，对应的轴的基本偏差代号为 f，则轴的另一极限偏差：

$$ei = es - T_s = (-0.025) - 0.025 = -0.050(mm)$$

即轴的公差带为 $\phi50f8$ $\binom{-0.025}{-0.050}$。

（4）选择的配合为

$$\phi50 \frac{H8 \ \binom{+0.039}{0}}{f7 \ \binom{-0.025}{-0.050}}$$

公差带图如图 1-36 所示。

（5）验算。

所取最大间隙：

$$X'_{max} = ES - ei = (+0.039) - (-0.050) = +0.089(mm)$$

所取最小间隙：

$$X'_{min} = EI - es = 0 - (-0.025) = +0.025(mm)$$

经验算满足使用要求。

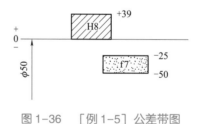

图 1-36　［例 1-5］公差带图

知识点 5　光滑工件尺寸的检测

1. 误收和误废

由于任何测量都存在测量误差，所以在验收产品时，测量误差的主要影响是产生两种错误判断：一种是把位于公差带上下两端外侧附近的废品误判为合格品而接收，称为误收；另一种是将位于公差带上下两端内侧附近的合格品误判为废品而给予报废，称为误废。

例如：用示值误差为 ±4 μm 的千分尺验收 $\phi20h6$ $\binom{0}{-0.013}$ 的轴径时，其公差带如图 1-37 所示。根据规定，其上、下偏差分别为 0 与 −13 μm。若轴径的实际偏差是大于 0~+4 μm 的

不合格品，由于千分尺的测量误差为$-4\ \mu m$，其测得值可能小于其上偏差，从而误判成合格品而接收，即导致误收；反之，若轴径的实际偏差是$-4\ \mu m$至0的合格品，而千分尺的测量误差为$+4\ \mu m$时，测得值就可能大于其上偏差，于是误判为废品，即导致误废。同理，当轴径的实际偏差为$-17\sim-13\ \mu m$的废品或为$-13\sim-9\ \mu m$的合格品，而千分尺的测量误差又分别为$+4\ \mu m$或$-4\ \mu m$时，则将导致误收和误废。

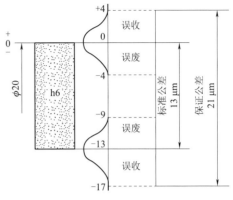

图 1-37　测量误差对测量结果的影响

误收会影响产品质量，误废会造成经济损失。

2. 验收极限

验收极限是指检验工件尺寸时判断合格与否的尺寸界限。为了保证产品质量，可以把孔、轴实际尺寸的验收极限从它们的最大和下极限尺寸分别向公差带内移动一段距离，这就能减小误收率或达到误收率为零，但会增大误废率。因此，正确地确定验收极限，具有重大的意义。

GB/T 3177—2009 对如何确定验收极限规定了两种方式，并对如何选用这两种验收极限方式做了具体规定。

1）验收极限方式的确定

验收极限可以按照下列两种方式之一确定。

（1）内缩方式。内缩方式是指从规定的最大和下极限尺寸分别向工件公差带内移动一个安全裕度 A 来确定验收极限。

由于测量误差的存在，使得测量结果相对真值有一分散范围，其分散程度用测量不确定度表示。测量孔或轴的实际尺寸时，应根据孔、轴公差的大小规定测量不确定度允许值，以作为保证产品质量的措施，此允许值称为安全裕度 A。GB/T 3177—2009 规定，A 值按工件尺寸公差 T 的 $1/10$ 确定，其数值列于表 1-19。令 K_s 和 K_i 分别表示上、下验收极限，L_{max} 和 L_{min} 分别表示最大和下极限尺寸，如图 1-38 所示，则

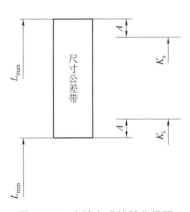

图 1-38　内缩方式的验收极限

$$\left.\begin{array}{l}K_s=L_{max}-A\\K_i=L_{min}+A\end{array}\right\} \tag{1-36}$$

（2）不内缩方式。不内缩方式的验收极限等于规定的最大和下极限尺寸，即 A 值为零，$K_s=L_{max}$，$K_i=L_{min}$。

2）验收极限方式的选择

具体选择哪种验收极限方式，应综合考虑工件尺寸的功能要求及其重要程度、标准公差等级、测量不确定度和工艺能力等因素。具体原则如下：

（1）对于遵守包容要求Ⓔ的尺寸和标准公差等级高的尺寸，其验收极限按内缩方式确定。

（2）当工艺能力指数 $C_p \geqslant 1$ 时，验收极限可以按不内缩方式确定；但对于采用包容要求的孔、轴，其验收极限从孔的下极限尺寸和轴的上极限尺寸一边按单向内缩方式确定。

工艺能力指数 C_p 是指工件尺寸公差 T 与加工工序工艺能力 $c\sigma$ 的比值，c 为常数，σ 为工序样本的标准偏差。如果工序尺寸遵循正态分布，则该工序的工艺能力为 6σ。在这种情况下，$C_p = \dfrac{T}{6\sigma}$。

（3）对于偏态分布的尺寸，其验收极限只对尺寸偏向的一边按单向内缩的方式确定。

（4）对于非配合尺寸和一般公差的尺寸，其验收极限按不内缩的方式确定。

确定工件尺寸验收极限后，还需正确选择计量器具，以进行测量。

3. 计量器具的选择

根据测量误差的来源，测量不确定度 u 是由计量器具的测量不确定度 u_1 和测量条件引起的测量不确定度 u_2 组成的。u_1 表征的是由计量器具内在误差所引起的实际尺寸对真实尺寸可能分散的范围，其中还包括使用的标准器（如调整比较仪示值零位用的量块、调整千分尺示值零位用的校正棒）的测量不确定度。u_2 表征的是测量过程中由温度、压陷效应及工件形状误差等因素所引起的实际尺寸对真实尺寸可能分散的范围。

u_1 和 u_2 均为随机变量，因此，它们之和（测量不确定度）也是随机变量。但 u_1 与 u_2 对 u 的影响程度不同，u_1 的影响较大，u_2 的影响较小，u_1 与 u_2 一般按二比一的关系处理。由独立随机变量合成规则，得 $u = \sqrt{u_1^2 + u_2^2}$，因此，$u_1 = 0.9u$，$u_2 = 0.45u$。

当验收极限采用内缩方式，且把安全裕度 A 取为工件尺寸公差 T 的 1/10 时，为了满足生产上对不同的误收、误废允许率的要求，GB/T 3177—2009 将测量不确定度允许值 u 与 T 的比值 τ 分成三挡，分别是：Ⅰ挡，$\tau = 1/10$；Ⅱ挡，$\tau = 1/6$；Ⅲ挡，$\tau = 1/4$。相应地，计量器具的测量不确定度允许值 u_1 也按 τ 分挡，$u_1 = 0.9u$。对于 IT6 ~ IT11 的工件，u_1 分为Ⅰ、Ⅱ、Ⅲ三挡；对于 IT12 ~ IT18 的工件，u_1 分为Ⅰ、Ⅱ两挡。三个挡次 u_1 的数值列于表 1-19。

从表 1-19 中选用 u_1 时，一般情况下优先选用Ⅰ挡，其次选用Ⅱ挡、Ⅲ挡。然后，按表 1-20 ~ 表 1-22 所列普通计量器具的测量不确定度 u_1' 的数值，选择具体的计量器具。选择计量器具的原则是：①$u_1' \leqslant u_1$；②在满足 $u_1' \leqslant u_1$ 的前提下，尽可能选 u_1' 值大的计量器具。

当选用Ⅰ挡的 u_1 时，$u = A = 0.1T$，根据理论分析，误收率为零，产品质量得到保证，而误废率为 7%（工件实际尺寸遵循正态分布）~ 14%（工件实际尺寸遵循偏态分布）。

当选用Ⅱ挡、Ⅲ挡的 u_1 时，$u > A$（$A = 0.1T$），误收率和误废率皆有所增大，u 对 A 的比值（大于 1）越大，则误收率和误废率的增大就越多。

当验收极限采用不内缩方式即安全裕度等于零时，计量器具的不确定度允许值 u_1 也分成Ⅰ、Ⅱ、Ⅲ三挡，从表 1-19 中选用。在这种情况下，根据理论分析，工艺能力指数 C_p 越大，在同一工件尺寸公差的条件下不同挡次的 u_1 越小，则误收率和误废率就越小。

表 1-19　安全裕度 A 与计量器具的测量不确定度允许值 u_1（摘自 GB/T 3177—2009）

μm

公差等级		IT6					IT7					IT8					IT9				
公称尺寸/mm		T	A	u_1			T	A	u_1			T	A	u_1			T	A	u_1		
大于	至			Ⅰ	Ⅱ	Ⅲ			Ⅰ	Ⅱ	Ⅲ			Ⅰ	Ⅱ	Ⅲ			Ⅰ	Ⅱ	Ⅲ
—	3	6	0.6	0.54	0.9	1.4	10	1.0	0.9	1.5	2.3	14	1.4	1.3	2.1	3.2	25	2.5	2.3	3.8	5.6
3	6	8	0.8	0.72	1.2	1.8	12	1.2	1.1	1.8	2.7	18	1.8	1.6	2.7	4.1	30	3.0	2.7	4.5	6.8
6	10	9	0.9	0.81	1.4	2.0	15	1.5	1.4	2.3	3.4	22	2.2	2.0	3.3	5.0	36	3.6	3.3	5.4	8.1
10	18	11	1.1	1.0	1.7	2.5	18	1.8	1.7	2.7	4.1	27	2.7	2.4	4.1	6.1	43	4.3	3.9	6.5	9.7
18	30	13	1.3	1.2	2.0	2.9	21	2.1	1.9	3.2	4.7	33	3.3	3.0	5.0	7.4	52	5.2	4.7	7.8	12
30	50	16	1.6	1.4	2.4	3.6	25	2.5	2.3	3.8	5.6	39	3.9	3.5	5.9	8.8	62	6.2	5.6	9.3	14
50	80	19	1.9	1.7	2.9	4.3	30	3.0	2.7	4.5	6.8	46	4.6	4.1	6.9	10	74	7.4	6.7	11	17
80	120	22	2.2	2.0	3.3	5.0	35	3.5	3.2	5.3	7.9	54	5.4	4.9	8.1	12	87	8.7	7.8	13	20
120	180	25	2.5	2.3	3.8	5.6	40	4.0	3.6	6.0	9.0	63	6.3	5.7	9.5	14	100	10	9.0	15	23
180	250	29	2.9	2.6	4.4	6.5	46	4.6	4.1	6.9	10	72	7.2	6.5	11	16	115	12	10	17	26
250	315	32	3.2	2.9	4.8	7.2	52	5.2	4.7	7.8	12	81	8.1	7.3	12	18	130	13	12	19	29
315	400	36	3.6	3.2	5.4	8.1	57	5.7	5.1	8.4	13	89	8.9	8.0	13	20	140	14	13	21	32
400	500	40	4.0	3.6	6.0	9.0	63	6.3	5.7	9.5	14	97	9.7	8.7	15	22	155	16	14	23	35

公差等级		IT10					IT11					IT12				IT13			
公称尺寸/mm		T	A	u_1			T	A	u_1			T	A	u_1		T	A	u_1	
大于	至			Ⅰ	Ⅱ	Ⅲ			Ⅰ	Ⅱ	Ⅲ			Ⅰ	Ⅱ			Ⅰ	Ⅱ
—	3	40	4.0	3.6	6.0	9.0	60	6.0	5.4	9.0	14	100	10	9.0	15	140	14	13	21
3	6	48	4.8	4.3	7.2	11	75	7.5	6.8	11	17	120	12	11	18	180	18	16	27
6	10	58	5.8	5.2	8.7	13	90	9.0	8.1	14	20	150	15	14	23	220	22	20	33
10	18	70	7.0	6.3	11	16	110	11	10	17	25	180	18	16	27	270	27	24	41
18	30	84	8.4	7.6	13	19	130	13	12	20	29	210	21	19	32	330	33	30	50
30	50	100	10	9.0	15	23	160	16	14	24	36	250	25	23	38	390	39	35	59
50	80	120	12	11	18	27	190	19	17	29	43	300	30	27	45	460	46	41	69
80	120	140	14	13	21	32	220	22	20	33	50	350	35	32	53	540	54	49	81
120	180	160	16	15	24	36	250	25	23	38	56	400	40	36	60	630	63	57	95
180	250	185	18	17	28	42	290	29	26	44	65	460	46	41	69	720	72	65	110
250	315	210	21	19	32	47	320	32	29	48	72	520	52	47	78	810	81	73	120
315	400	230	23	21	35	52	360	36	32	54	81	570	57	51	86	890	89	80	130
400	500	250	25	23	38	56	400	40	36	60	90	630	63	57	95	970	97	87	150

注：T—孔、轴的尺寸公差。

千分尺和游标卡尺的测量不确定度见表 1-20。

表 1-20　千分尺和游标卡尺的测量不确定度

mm

尺寸范围	分度值 0.01 mm 外经千分尺	分度值 0.01 mm 内经千分尺	分度值 0.02 mm 游标卡尺	分度值 0.05 mm 游标卡尺
	测量不确定度 u_1'			
≤50	0.004			
>50~100	0.005	0.008		0.050
>100~150	0.006		0.020	
>150~200	0.007			
>200~250	0.008	0.013		0.100
>250~300	0.009			

注：当采用比较测量时，千分尺的测量不确定度可小于本表规定的数值。

比较仪的测量不确定度见表 1-21。

表 1-21　比较仪的测量不确定度

mm

尺寸范围	分度值为 0.000 5 mm	分度值为 0.001 mm	分度值为 0.002 mm	分度值为 0.005 mm
	测量不确定度 u_1'			
≤25	0.000 6	0.001 0	0.001 7	
>25~40	0.000 7			
>40~65	0.000 8	0.001 1	0.001 8	0.003 0
>65~90	0.000 8			
>90~115	0.000 9	0.001 2	0.001 9	
>115~165	0.001 0	0.001 3		
>165~215	0.001 2	0.001 4	0.002 0	
>215~265	0.001 4	0.001 6	0.002 1	0.003 5
>265~315	0.001 6	0.001 7	0.002 2	

注：本表规定的数值，在测量时使用的标准器由四块 1 级（或 4 等）量块组成。

指示表的测量不确定度见表 1-22。

表 1-22　指示表的测量不确定度

尺寸范围 /mm	分度值为 0.001 mm 的千分表（0 级在全程范围内，1 级在 0.2 mm 内），分度值为 0.002 mm 的千分表（在一转范围内）	分度值为 0.001 mm、0.002 mm、0.005 mm 的千分表（1 级在全程范围内），分度值为 0.01 mm 的百分表（0 级在任意 1 mm 内）	分度值为 0.01 mm 的百分表（0 级在全程范围内，1 级在任意 1 mm 内）	分度值为 0.01 mm 的百分表（1 级在全程范围内）
	测量不确定度 u'_1/mm			
≤25	0.005	0.010	0.018	0.030
>25~40	0.005	0.010	0.018	0.030
>40~65	0.005	0.010	0.018	0.030
>65~90	0.005	0.010	0.018	0.030
>90~115	0.005	0.010	0.018	0.030
>115~165	0.006	0.010	0.018	0.030
>165~215	0.006	0.010	0.018	0.030
>215~265	0.006	0.010	0.018	0.030
>265~315	0.006	0.010	0.018	0.030
注：本表规定的数值，在测量时使用的标准器由四块 1 级（或 4 等）量块组成。				

[例 1-5] 试确定测量 $\phi85f7$（$^{-0.036}_{-0.071}$）Ⓔ轴时的验收极限，并选择计量器具。该轴可否使用分度值为 0.01 mm 的外径千分尺进行比较测量，并加以分析。

解

（1）确定验收极限。

$\phi85f7$Ⓔ轴采用包容要求，因此验收极限应按内缩方式确定。根据该轴的尺寸公差 IT7 = 0.035 mm，从表 1-19 查得安全裕度 A = 0.003 5 mm。按式（1-34）确定上、下验收极限为

$$K_s = L_{max} - A = 84.964 - 0.003\ 5 = 84.960\ 5(\text{mm})$$
$$K_i = L_{min} + A = 84.929 + 0.003\ 5 = 84.932\ 5(\text{mm})$$

$\phi85f7$Ⓔ轴的尺寸公差带及验收极限如图 1-39 所示。

（2）选择计量器具。

由表 1-19 按优先选用 I 挡的计量器具测量不确定度允许值 u_1 的原则，确定 u_1 = 0.003 2 mm。

由表 1-21 选用分度值为 0.005 mm 的比较仪，其测量不确定度 u'_1 = 0.003 mm<u_1，能满足使用要求。

（3）用外径千分尺进行比较测量。

如果车间没有分度值为 0.005 mm 的比较仪或精度更高的仪器，则可以使用车间最常用

的分度值为 0.01 mm 的外径千分尺进行比较测量。

从表 1-20 可知，用外径千分尺对 85 mm 的工件进行绝对测量时，千分尺的测量不确定度 $u_1' = 0.005$ mm，大于上述 u_1 值。为了提高千分尺的使用精度，可以采用比较测量法。实践证明，当使用形状与工件形状相同的标准器进行比较测量时，千分尺的测量不确定度降为原来的 40%；当使用形状与工件形状不同的标准器进行比较测量时，千分尺的测量不确定度降为原来的 60%。

本例使用形状与轴的形状不同的标准器（85 mm 量块组）进行比较测量，因此千分尺的测量不确定度可以减小到 $u_1' = 0.005 \times 60\% = 0.003$（mm），它小于允许值 0.003 2 mm，即能够满足使用要求（验收极限仍按图 1-39 的规定）。

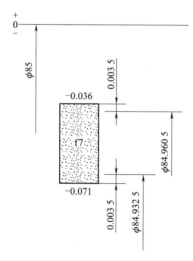

图 1-39　φ85f7Ⓔ轴的验收极限

项目二 几何精度识读与检测

任务一 车床床身导轨形状精度分析及检测

任 务 引 入

机械测量实训室接到要对校办工厂的一车床床身导轨进行直线度的精度检测任务，图样和检测要求如图 2-1 所示。

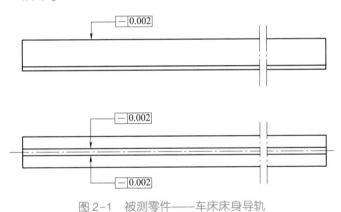

图 2-1 被测零件——车床床身导轨

1）图形分析

图 2-1 中要求对导轨进行直线度测量，公差值为 2.0 μm。

2）测量任务

根据图形要求对零件进行直线度测量。

学 习 目 标

（1）明确零件几何要素的概念和要素的分类；

（2）熟悉几何公差的项目和符号，掌握几何公差的标注方法；

（3）明确形状公差带的特征，能正确识读图样上标注的形状公差；

（4）能够依据形状精度的测量任务选择测量器具，设计测量方案；

（5）会进行测量数据的处理，并判别零件的合格性；

（6）培养学生团队协作、吃苦耐劳、无私奉献的匠心品质。

任务分组

学生任务分配表

班级		组号		指导教师	
组长		学号			
组员	姓名	学号		姓名	学号

获取信息

引导问题1：几何公差的研究对象。

（1）几何公差的研究对象是什么？什么是理想要素、实际要素、组成要素和导出要素？

_____

_____

_____

几何公差

（2）什么是被测要素、基准要素、单一要素和关联要素？

_____

_____

_____

引导问题2：几何公差项目及符号。

（1）形状公差的项目及符号是什么？有无基准？

_____

_____

_____

（2）方向公差的项目及符号是什么？有无基准？

_____

_____

_____

_____

（3）位置公差的项目及符号是什么？有无基准？

（4）跳动公差的项目及符号是什么？有无基准？

引导问题 3：几何公差的标注。

（1）几何公差的框格组成（举例说明）。

（2）几何公差框格指引线的箭头如何指向被测组成要素？如何指向被测导出要素？

（3）对于基准要素应标注基准符号，基准符号是由哪几部分组成的？基准符号的三角形底边和细实线连线如何放置于基准组成要素？如何放置于基准导出要素？

引导问题 4：几何公差带。

（1）什么是几何公差带？几何公差带具有哪些特性？

（2）几何公差带的形状有哪几种？什么形状的几何公差带的公差数值前面应加符号"ϕ"？什么形状的几何公差带的公差数值前面应加符号"Sϕ"？

（3）按照直线度公差的不同标注形式，直线度公差带有哪三种不同的形状？

（4）平面度公差带有何特点？（大小、形状、方位）

（5）圆度公差带有何特点？（大小、形状、方位）

（6）圆柱度公差带有何特点？（大小、形状、方位）

（7）基准的作用是什么？何为单一基准、公共基准、三基面体系？在几何公差框格中如何表示它们？

（8）在实际测量过程中，基准如何体现？

（9）轮廓度公差带分为无基准要求和有基准要求两种，它们分别有什么特点？

工作实施

引导问题 5：测量器具的选择

（1）机床导轨直线度的检测方法有哪些？

导轨直线度
的检验

（2）用水平仪测量机床导轨直线度的原理是什么？

（3）用水平仪测量机床导轨直线度的步骤是什么？

（4）用水平仪测量机床导轨直线度时数据如何处理？

（5）导轨直线度误差的合格性如何判定？

引导问题 6：具体测量过程

（1）量仪规格及有关参数。

测量仪器	名称		分度值	示值范围	测量范围
被测要素	项目名称		给定公差数值		

（2）数据记录与处理。

水平仪位置/mm	水平仪读数/格	每段升落差 ΔH_i/mm	累积升落差 $\sum H_i$/mm
0~200			
200~400			
400~600			
600~800			
800~1 000			
1 000~1 200			
1 200~1 400			
1 400~1 600			

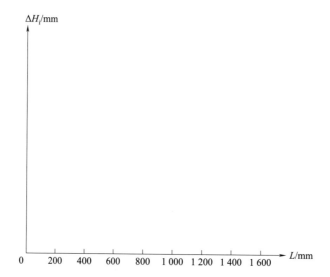

（3）车床导轨直线度测量结果计算。

_____

_____

_____

_____

_____

（4）测量结果合格性判断。

_____

_____

_____

_____

引导问题 7：平面度误差处理

参看图 2-2（a），在平板上以平板工作面作为测量基准，用指示表测量工件的平面度误差。被测表面沿 x 和 y 方向等距布置测点，在各测点处指示表上的示值（μm）如图 2-2（b）所示。试按对角线平面法求解平面度误差值 $f_{对角}$。

平面度的测量

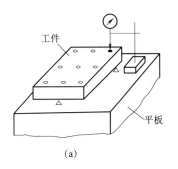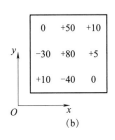

图 2-2　平面度误差处理

学 习 心 得

评 价 反 馈

各组代表展示作品，介绍任务的完成过程。作品展示前应准备阐述材料，并完成评价表。

学生自评表

任务	完成情况记录
任务是否按计划时间完成	
相关理论完成情况	
技能训练情况	
任务完成情况	
任务创新情况	
材料上交情况	
收获	

学生互评表

序号	评价项目	小组互评	教师评价	点评
1				
2				
3				
4				
5				
6				

教师评价表

序号	评价项目	自我评价	互相评价	教师评价	综合评价
1	学习准备				
2	引导问题填写				
3	规范操作				
4	完成质量				
5	关键操作要领掌握				
6	完成速度				
7	参与讨论的主动性				
8	沟通协作				
9	展示汇报				

注：评价档次统一采用 A（优秀）、B（良好）、C（合格）、D（努力）4 个。

知识链接

知识点 1　几何公差的研究对象——几何要素

　　几何公差研究的对象是几何要素（简称要素），几何要素是指构成零件几何特征的点、线、面。如图 2-3 中零件的球心、球面、轴线、圆锥面、端面、素线、锥顶点等均为该零件的几何要素。

形位公差
研究对象

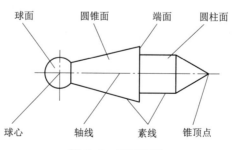

图 2-3　几何要素

零件的几何要素可按以下几种方式来分类。

1. 要素按结构特征分类

（1）组成要素（轮廓要素）：组成要素（轮廓要素）是指构成零件外形的能被人们直接感觉到的点、线、面各要素，如图 2-3 中球面、锥面、圆柱面、素线、端面及锥顶点都属于轮廓要素。

（2）导出要素（中心要素）：导出要素（中心要素）是指组成要素对称中心所表示的点、线、面各要素。其特点是不能被人们直接感觉到，而是通过相应的组成要素才能体现出来，如图 2-3 中的轴线、球心等。

2. 要素按存在状态分类

（1）理想要素：理想要素是指具有几何学意义的要素。理想要素是没有任何误差的要素，一般将图样上表达的几何要素认定为理想要素。在检测中，理想要素是评定实际要素几何误差的依据。

（2）实际要素：实际要素是指加工后零件上实际存在的要素。在测量和评定几何误差时，通常以测得要素代替实际要素。

3. 要素按检测关系分类

（1）被测要素：被测要素是指图样上给出了几何公差的要素，也称注有公差的要素，是检测的对象。

被测要素按功能关系又可分为单一要素和关联要素两种。

（2）基准要素：基准要素是指图样上规定用来确定被测要素的方向或位置关系的要素。

必须指出，由于实际基准要素存在加工误差，因此应对基准要素规定适当的几何公差。此外，基准要素除了作为确定被测要素方向或位置关系的参考对象的基础以外，在零件使用上还有本身的功能要求，而对它给出几何公差。所以，基准要素同时也是被测要素。

4. 要素按功能关系分

（1）单一要素：单一要素是指按本身功能要求而给出形状公差的被测要素。

（2）关联要素：关联要素是指对基准要素有功能关系而给出方向、位置或跳动公差的被测要素。

应当指出，基准要素按本身功能要求可以是单一要素或是关联要素。

知识点 2　几何公差的特征项目及符号

国家标准规定几何公差共有 14 个项目，各个公差项目的名称和符号见表 2-1。

表 2-1　几何公差的项目及其符号（摘自 GB/T 1182—2008）

公差类型	几何特征	符号	有无基准
形状公差	直线度	———	无

公差类型	几何特征	符号	有无基准
形状公差	平面度	▱	无
	圆度	○	无
	圆柱度	⌀	无
形状公差、方向公差或位置公差	线轮廓度	⌒	有或无（形状公差无）
	面轮廓度	⌒	有或无
方向公差	平行度	//	有
	垂直度	⊥	有
	倾斜度	∠	有
位置公差	位置度	⊕	有或无
	同心度（用于中心线）同轴线（用于轴线）	◎	有
	对称度	═	有
跳动公差	圆跳动	↗	有
	全跳动	⫽↗	有

知识点 3   几何公差的标注

1. 几何公差框格及基准符号

标准规定，在图样中几何公差采用代号标注。几何公差的代号包括框格、指引线、公差项目符号、形位公差值、表示基准的字母和相关要求符号等，如图 2-4 所示，基准符号的组成如图 2-5 所示。

形状公差与
位置公差

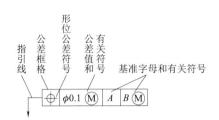

图2-4　几何公差框格中的内容填写示例

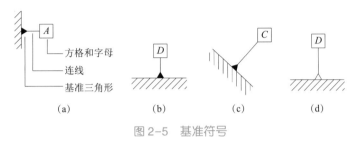

图2-5　基准符号

（a）水平绘制；（b）垂直绘制；（c）倾斜绘制；（d）空白的三角形

2. 公差框格及填写规则

几何公差的框格分为两格或多格式，框格自左至右填写以下内容：第一格，几何公差特征项目符号；第二格，以毫米为单位表示的几何公差值和有关符号；第三格和以后各格，填写表示基准的字母和有关符号。几何公差框格应水平或垂直绘制。带箭头的指引线原则上从框格一端（左端或右端）引出，并且必须垂直于该框格，用它的箭头与被测要素相连。当它指向被测要素时，允许弯折，通常只弯折一次。

3. 基准符号

基准符号由一个基准方框（基准字母注写在这方框内）和一个涂黑的或空白的基准三角形，用细实线连接而成，如图2-5所示。涂黑的和空白的基准三角形的含义相同，表示基准的字母也要注写在相应被测要素的方向、位置或跳动公差框格内。基准符号引向基准要素时，无论基准符号在图样中的方向如何，其方框内的字母都应水平书写。代表基准的字母用大写英文字母表示，为了避免混淆和误解，国家标准规定基准字母不准使用"E、I、J、M、O、P、L、R、F"九个字母。

4. 被测要素和基准要素的标注

（1）当被测要素为组成要素（轮廓要素，即表面或表面上的线）时，指引线的箭头应置于该要素的轮廓线或它的延长线上，并且箭头指引线必须明显地与尺寸线错开，如图2-6（a）所示。当基准要素为表面或表面上的线等组成要素（轮廓要素）时，应把基准符号基准三角形的底边放置在该要素的轮廓线或它的延长线上，并且基准三角形放置处必须与尺寸线明显错开。如图2-6（b）所示。

（2）当被测要素或基准要素为实际表面时，指引线的箭头或基准符号可置于带点的参考线上，该点指在表示实际表面的投影上，如图2-7所示。当对被测要素的局部范围有形

被测要素的标注

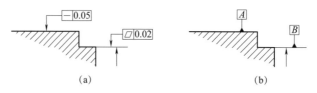

图 2-6　被测要素或基准要素为组成要素时的标注实例

位公差要求时，要将局部范围用粗点画线表示出来并加注尺寸；当以要素的某一局部范围作基准时，要将局部范围用粗点画线表示出来并加注尺寸，如图 2-8 所示。

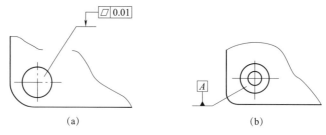

图 2-7　被测要素或基准要素投影为面时的标注实例

（a）被测要素投影为面；（b）基准要素投影为面

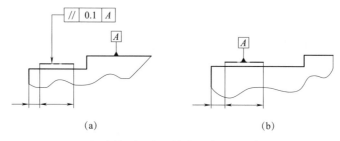

图 2-8　限定被测要素或基准要素范围的标注实例

（a）限定被测要素范围；（b）限定基准要素范围

　　（3）当被测要素为导出要素（中心要素，即轴线、中心直线、中心平面、球心等）时，带箭头指引线应与确定该中心要素的轮廓的尺寸线对齐，如图 2-9 所示。当基准要素为轴线或中心平面等导出要素（中心要素）时，应把基准符号的基准三角形的底边放置于基准轴线或基准中心平面所对应的轮廓要素的尺寸界线上，并且基准符号中的细实线应与确定该中心要素轮廓的尺寸线对齐，如图 2-10 所示。

基准要素的标注

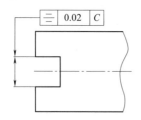

图 2-9　被测要素为导出要素时的标注实例

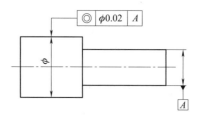

图 2-10　基准要素为导出要素时的标注实例

（4）指引线箭头的指向。指引线的箭头应指向几何公差带的宽度方向或直径方向，当指引线的箭头指向公差带的宽度方向时，公差框格中的几何公差值只写出数字。当指引线的箭头指向圆形或圆柱形公差带的直径方向时，需要在几何公差值的数值前面标注符号"ϕ"；当指引线的箭头指向圆球形公差带的直径方向时，需要在几何公差值的数字前面标注符号"$S\phi$"。

（5）被测要素为公共要素的标注如图2-11所示，对于公共轴线、公共平面和公共中心平面等由几个同类要素构成的公共被测要素，应采用一个公差框格标注。此时应在公差框格第二个内公差数值后面加注公共公差带的符号CZ，在该框格的一端引出一条指引线，并由该指引线引出几条带箭头的连线，分别与这几个同类要素相连。

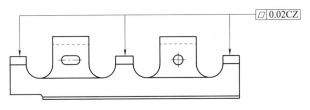

图2-11 公共被测平面的标注实例

（6）公共基准的标注方法。图2-12所示为公共基准的标注。对于由两个同类要素构成而作为一个基准使用的公共基准轴线、公共基准中心平面等公共基准，应对这两个同类要素分别标注基准符号（采用两个不同的基准字母），并且在被测要素方向、位置或跳动公差框格第三格或其以后某格中填写短横线隔开这两个字母。

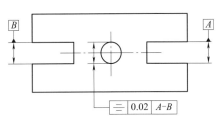

图2-12 公共基准的标注

5. 几何公差的简化标注

（1）当同一个被测要素有多项几何公差要求且测量方向相同时，可以将这些框格绘制在一起，并共用一根指引线，如图2-13所示。

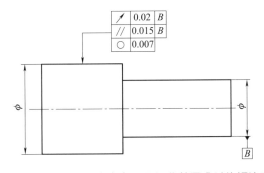

图2-13 同一被测要素有多项几何公差要求时的标注实例

（2）当多个被测要素有相同的几何公差要求时，可以在从框格引出的指引线上绘制多个指示箭头，分别指向各被测要素，如图2-14所示。

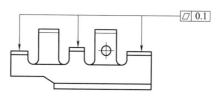

图2-14　不同被测要素有相同几何公差要求时的标注实例

6. 几何公差附加要求的标注

当几何公差有附加要求时，可以采用符号标注和文字说明的方式。符号一般标注在公差数值后，公差值附加符号及含义见表2-2。文字说明注写在公差框格的上下，属于被测要素数量的说明写在框格上方，属于解释性的说明写在框格下方，如图2-15所示。

表2-2　公差值附加符号及含义

符号	含义	举例	符号	含义	举例
只许中间向材料内凹下	(−)	⎯ t(−)	只许从左至右减少	(▷)	⌀ t(▷)
只许中间向材料外凸起	(+)	▱ t(+)	只许从右至左减少	(◁)	⌀ t(◁)

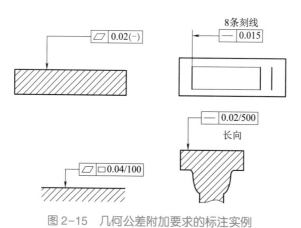

图2-15　几何公差附加要求的标注实例

知识点 4　几何公差带

1. 几何公差带的含义和几何公差带的特性

几何公差是用来限制零件本身的几何误差的，它是实际被测要素的允许变动量。最新国家标准将几何公差分为形状公差、方向公差、位置公差和跳动公差。

几何公差带是用来限制实际被测要素变动的区域，这个区域可以是平面区域或空间区域。只要实际被测要素能全部落在给定的公差带内，就表明该实际被测要素合格。

几何公差带具有形状、大小和方位等特性。几何公差带的形状取决于被测要素的几何形状、给定的几何特征项目和标注形式。几何公差带的形状及说明见表2-3，它们都是几何图形。几何公差带的大小用它的宽度或直径来表示，由给定的公差值决定，几何公差带的方位则由给定的几何公差特征项目和标注形式确定。

表 2-3 几何公差带的形状及说明

形状	说明	形状	说明
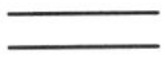	两平行直线之间的区域	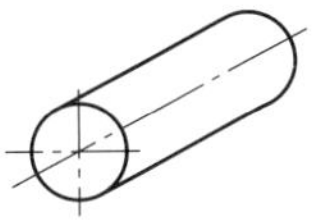	圆柱面内的区域
	两等距曲线之间的区域	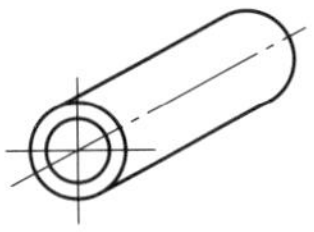	两同轴线圆柱面之间的区域
	两同心圆之间的区域	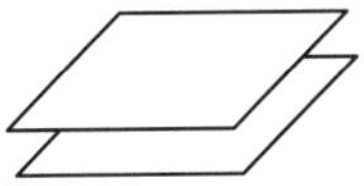	两平行平面之间的区域
	圆内的区域	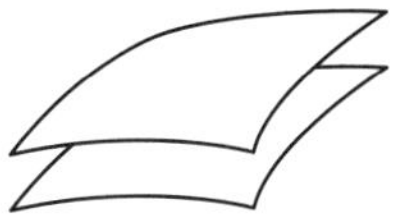	两等距曲面的区域
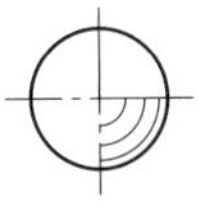	圆球内的区域		

被测要素的形状、方向和位置精度可以用一个或几个几何公差特征项目来控制。

2. 形状公差带

形状公差是单一实际要素的形状所允许的变动全量，形状公差带是限制实际要素变动的区域。形状公差有直线度、平面度、圆度和圆柱度四个特征项目。形状公差带不涉及基准，只有形状和大小的要求，没有方向和位置的要求，即形状公差带的方位可以是浮动的（用公差带判断实际被测要素是否位于它的区域内时，它的方位可以随实际被测要素方位的变动而变动）。

形状公差带

有关形状公差带标注示例及定义、说明等见表2-4。

表 2-4　形状公差带定义、示例及说明

项目	公差带定义	示例	说明
直线度	1. 给定平面 公差带是距离为公差值 t 的两平行直线之间的区域 2. 给定方向 公差带是距离为公差值 t 的两平行平面之间的区域 3. 任意方向 公差带是直径为 t 的圆柱面内的区域。在公差值前加注 ϕ		被测表面的素线必须位于平行于图样所示投影面且距离为公差值 0.1 mm 的两平行线内 被测圆柱面的任一素线必须位于距离为公差值 0.02 mm 的两平行平面之内 ϕd 圆柱体的轴线必须位于直径为公差值 0.04 mm 的圆柱面内
平面度	公差带是距离为公差值 t 的两平行平面之间的区域		上表面必须位于距离为公差值 0.1 mm 的两平行平面内
圆度	公差带是在同一正截面上半径差为公差值 t 的两同心圆之间的区域		在垂直于轴线的任一正截面上，该圆必须位于半径差为公差值 0.02 mm 的两同心圆之间
圆柱度	公差带是半径差为公差值 t 的两同轴圆柱面之间的区域		圆柱面必须位于半径差为公差值 0.05 mm 的两同轴圆柱面之间

3. 基准

1）基准的种类

在确定关联实际要素对其理想要素的变动量时，理想要素的方向或位置由基准确定。基准通常分为以下三类：

（1）单一基准：由一个基准要素建立的基准为单一基准，如图 2-10 所示。

（2）公共基准：由两个或两个以上的同类要素建立的一个独立的基准称为公共基准，又称组合基准。在公差框格填写时，表示基准的字母间要用短横线隔开，如图 2-12 所示。

（3）三基面体系：由三个相互垂直的基准平面构成的一个基准体系，如图 2-16 所示。

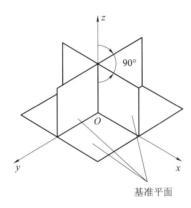

图 2-16　三基面体系

应用三基面体系，在图样上标注基准时，应选最重要的或最大的平面作为第一基准，选次要的或较长的平面为第二基准，选不重要的平面作为第三基准。

2）基准的体现

零件加工后，其实际基准要素不可避免地存在或大或小的形状误差（有时还存在方向误差），如果以存在形状误差的实际要素作为基准，则难以确定实际关联要素的方位。

在加工和检测中，当实际基准要素的形状误差较大时，不宜直接使用实际基准要素作为基准。基准通常用形状足够精确的表面来模拟体现。例如，基准平面可用平台、平板的工作面来模拟体现，孔的基准轴线可用与孔成无间隙配合的心轴或可膨胀式心轴的轴线来模拟体现，轴的基准轴线可用 V 形块来体现，三基面体系中的基准平面可用平板和方箱的工作面来模拟体现。

4. 轮廓度公差带

轮廓度公差有线轮廓度和面轮廓度两个特征项目。轮廓度公差涉及的要素是曲线和曲面，它们的理想被测要素的形状需要用理论正确尺寸（把数值围以方框表示的没有公差而绝对准确的尺寸）来决定。采用方框这种形式表示是为了区别于图样上的未注公差尺寸。

轮廓度公差带分为无基准要求和有基准要求两种，前者方位可以浮动，后者方位是固定的。线、面轮廓度公差带定义、示例及说明等见表 2-5。

表 2-5 线、面轮廓度公差带定义、示例及说明

项目	公差带定义	示例	说明
线轮廓度	公差带是包络一系列直径为公差值 t 的圆的两包络线之间的区域,诸圆的圆心应位于具有理论正确几何形状的曲线上 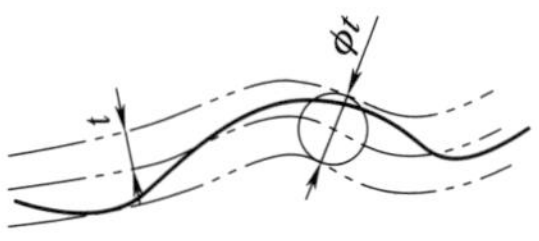	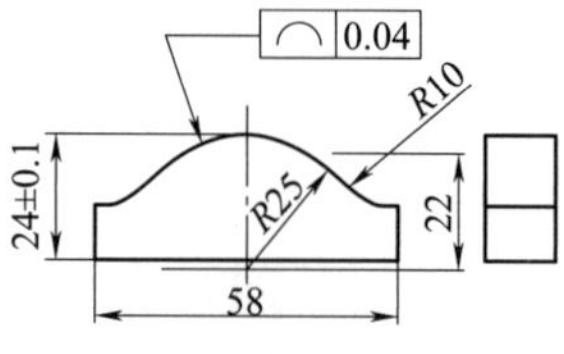 （a）无基准要求 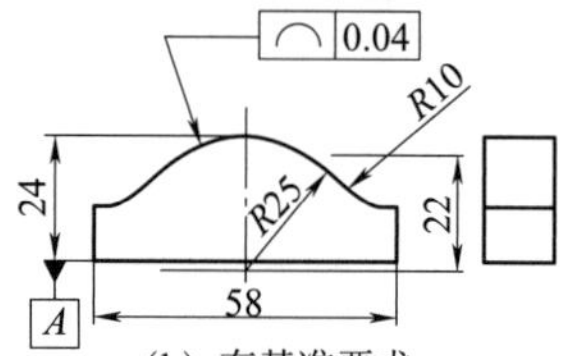 （b）有基准要求	在平行与正投影面的任一截面上,实际轮廓线必须位于包络一系列直径为公差值 0.04 mm,且圆心在理论正确几何形状的线上的圆的两等距包络线之间
面轮廓度	公差带是包络一系列直径为公差值 t 的球的两等距包络面之间的区域,诸球的球心应位于具有理论正确几何形状的曲面上 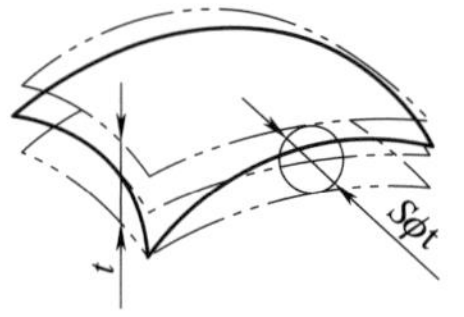	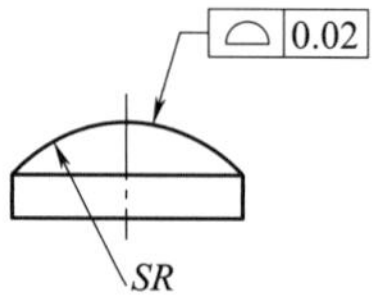 （a）无基准要求 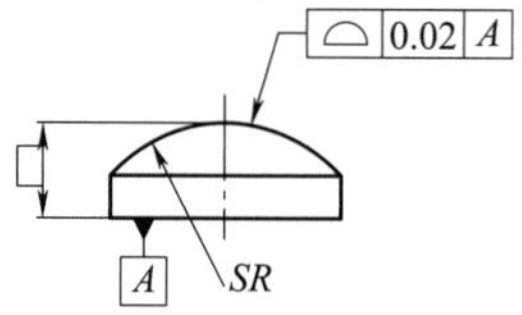 （b）有基准要求	实际轮廓面必须位于包络一系列球的两等距包络面之间,诸球直径为公差值 0.02 mm,且球心在理论正确几何形状的曲面上

任务实施

1. 直线度误差的测量

1）使用设备
车床床身、方框水平仪、桥板。

2）测量原理
直线度误差就是实际直线对其理想直线的变动量。直线度误差的评定方法有:最小包容区域法;最小二乘法;两端连线法。其中最小包容区域法的评定结果小于或等于其他两种方法。

直线度误差

在图 2-17 中,以最小包容区域线 L_{MZ} 作为评定基线求得直线度误差 f_{MZ} 的方法,就是最小包容区域法。对给定平面或给定方向的直线度误差 f_{MZ},其计算方法为

$$f_{MZ} = f = d_{max} - d_{min}$$

式中 d_{max},d_{min}——检测中最大、最小偏离值,d_i 在 L_{MZ} 上方取正值、下方取负值。

机床导轨直线度检测方法很多,有平尺检测、水平仪检测、自准仪检测、钢丝和显微镜

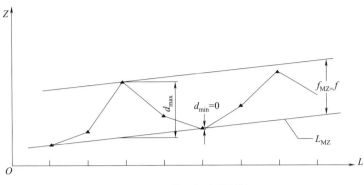

图 2-17 最小包容区域法

检测等。本次采用水平仪检测。

水平仪的刻度值有 0.02/1 000~0.05/1 000，0.02/1 000 表示将该水平仪放在 1 m 长的平尺表面上，将平尺一端垫起 0.02 mm 高时，平尺便倾斜一个 α 角，此时水平仪的气泡便向高处正好移动一个刻度值（即移动了一格）。水平仪和平尺的关系如图 2-18 所示。

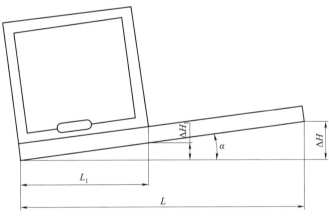

直线度误差
的评定

图 2-18 水平仪测量升（落）差原理图

$$tan\alpha = \Delta H / L = 0.02/1\ 000 = 0.000\ 02$$

由于水平仪的长度只有 200 mm，所以

$$tan\alpha = \Delta H_1 / L = \Delta H_1 / 200$$

$$\Delta H_1 = 200 \times tan\alpha = 200 \times 0.000\ 02 = 0.004\ (mm)$$

可见水平仪右边的升（落）差 ΔH_1 与所用的水平仪规格有关，此外在实际使用中水平仪也不一定是移动一格，例如移动了两格，水平仪还是 200 mm 规格，则升（落）差 ΔH_1 为

$$tan\alpha = 0.02 \times 2/1\ 000 = \Delta H_1 / 200$$

$$\Delta H_1 = 200 \times 0.02 \times 2/1\ 000 = 0.008\ (mm)$$

水平仪读数的符号，习惯上规定：气泡移动的方向和水平仪移动方向相同时，读数为正值，反之为负值。

3）测量步骤

（1）检测床身前，擦净导轨表面将床身安置在适当的基础上，并基本调平。调平的目的是得到床身的静态稳定性。

（2）以200 mm长等分机床导轨成若干段，将水平仪放置在导轨的左（右）端，作为检测工作的起点，记下此时水平仪气泡的位置，然后按导轨分段，首尾相接依次放置水平仪，记下水平仪每一段时气泡的位置，填入实训报告中。

2. 平面度误差的测量

1）使用仪器

百分表架、百分表、平台、小千斤顶、平板等。

2）测量原理

采用间接测量法，即通过测量实际表面上若干点的相对高度差或相对倾斜角，经数据处理后，求其平面度的误差值。具体操作时是将被测零件用可调千斤顶安置在平台上，以标准平台为测量基面，按三点法或四点法（对角线法）调整被测面与平台平行。用百分表沿实际表面上的布点逐点测量。布点测量时，均先测得各测点的数据，然后按要求进行数据处理，求平面度误差。所用的布点方法如图2-19所示。测量时按图2-19中箭头所示的方向依次进行。最外的测点应距工作面5~10 mm。

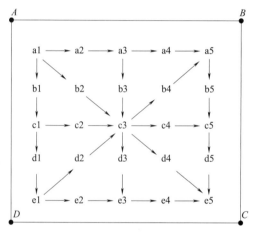

百分表测量
平面度

图2-19　对角线布点法

3）测量步骤

（1）擦净被测小平板，按图2-19的布点方式，在被测表面上标定测点，并进行编号。

（2）将被测小平板按图2-20所示支撑在基准平台上的三个千斤顶上，三个千斤顶应位于被测小平板上相距最远的三点处。

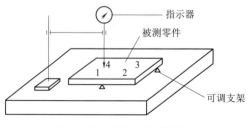

图2-20　测量平面度误差

（3）通过三个千斤顶支架调整被测平面上对角对应点 1 与 2、3 与 4 等高，此时，即以此中三点建立的平面作为测量基面。

（4）用百分表在被测表面上的各点进行测量，并按编号记录百分表读数值。从百分表上读出的最大与最小读数值的差值，即是被测表面的平面度误差。

（5）整理实验仪器，完成实验报告。

4）平面度误差的评定

按对角线平面法评定：用通过实际被测表面的一条对角线且平行于另一条对角线的平面作为评定基准，以各测点对此评定基准中的最大偏离值与最小偏离值之差作为平面度误差值。测点在对角线平面上方时，偏离值为正值；测点在对角线平面下方时，偏离值为负值，即以通过实际被测表面的一条对角线且平行于另一条对角线的平面建立理想平面，各测点对此平面的最大正值与最大负值的绝对值之和，作为被测实际表面的平面度误差。

3. 圆度误差的测量

最理想测量方法是用圆度仪测量，可通过记录装置将被测表面的实际轮廓形象地描绘在坐标纸上，然后按最小包容区域法求出圆度误差。

圆度和圆跳动
的测量方法

实际测量中也可采用近似测量方法，如两点法、三点法、两点三点组合法等。

1）两点法

两点法测量指用游标卡尺、千分尺等通用量具测出同一径向截面中的最大直径差，此差的一半就是该截面的圆度误差。通常测量多个径向截面，取其中最大值作为被测零件的圆度误差。

百分表测量
外径圆度

2）三点法

对于奇数棱形截面的圆度误差可用三点法测量，其测量装置如图 2-21 所示。被测件放置在 V 形块（其夹角 $\alpha = 90°$ 和 $120°$）上回转一周，测量若干个径向截面，取指示表的最大与最小读数之差（$M_{max} - M_{min}$）中最大者作为测量结果，则被测工件的圆度误差 f 关系式为

$$f = (M_{max} - M_{min})/2$$

百分表测量
内径圆度

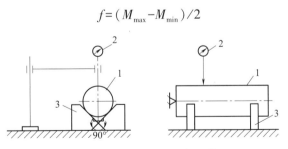

图 2-21　三点法测圆度误差
1—被测件；2—指示表；3—V 形架

一般情况下，椭圆（偶数棱形圆）出现在用顶尖夹持工件，如车、磨外圆的加工过程中；奇数棱形圆出现在无心磨削圆的加工过程中，且大多为三棱圆形状。因此，在生产中可根据工艺特点进行分析，选取合适的测量方法。

任务二 典型零件方向、位置、跳动精度分析及检测

任务引入

机械测量实训室接到要对角座工件进行平行度和垂直度误差的检测任务；盘套形零件径向圆跳动和轴向圆跳动误差的检测任务；台阶轴外圆轴线之间的同轴度和箱体孔轴线间的同轴度误差的检测任务。图样和检测要求分别如图2-22~图2-25所示。

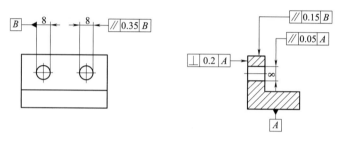

图2-22 被测零件——角座

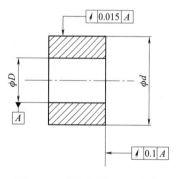

图2-23 被测零件——盘套

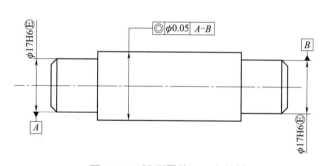

图2-24 被测零件——台阶轴

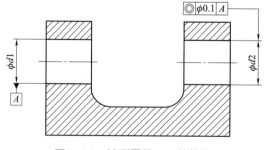

图2-25 被测零件——箱体孔

以上零件图形分析。

1. 角座工件几何公差要求

（1）顶面对底面的平行度公差为 0.15 mm。
（2）两孔轴线对底面的平行度公差为 0.05 mm。
（3）两孔轴线之间的平行度公差为 0.35 mm。
（4）侧面对底面的垂直度公差为 0.20 mm。

2. 盘套零件的几何公差要求

（1）盘套外圆柱面对孔轴线的径向圆跳动公差为 0.015 mm。
（2）盘套右端面对孔轴线的轴向圆跳动公差为 0.1 mm。

3. 同轴度的公差要求

（1）大轴的轴线对两端小轴公共轴线的同轴度公差为 $\phi0.05$ mm。
（2）箱体右边孔的轴线对左边孔轴线的同轴度公差为 $\phi0.1$ mm。

测量任务

根据图形要求分别对以上零件进行几何精度的检测。

学 习 目 标

（1）明确方向公差带、位置公差带、跳动公差带的特点和含义；
（2）通过对公差带的理解，进一步掌握几何公差的标注方法，会进行正确的标注；
（3）能正确识读图样上标注的几何公差；
（4）能正确理解几何误差，掌握常见几何误差的检测方法；
（5）能够依据几何精度的测量任务选择测量器具，设计测量方案；
（6）会进行测量数据的处理，并判别零件的合格性；
（7）培养学生创新的思维能力以及严谨求实的学习态度。

任 务 分 组

学生任务分配表

班级		组号		指导教师	
组长		学号			
组员	姓名	学号		姓名	学号

获取信息

引导问题 1：方向公差带。

（1）什么是方向公差？方向公差包括哪几个特征项目？

_____

_____

（2）方向公差带有何特征？

_____

_____

（3）确定几何公差值时，同一被测要素的方向公差值与形状公差值之间应保持何种关系？

_____

_____

（4）比较下列每两种几何公差带的异同。
①平面度公差带与被测平面对基准平面的平行度公差带。
②轴线直线度公差带与轴线对基准平面的平行度公差带。

_____

_____

_____

_____

引导问题 2：位置公差带。

（1）什么是位置公差？位置公差包括哪几个特征项目？

_____

_____

（2）同轴度公差带有何特点？

_____

_____

（3）对称度公差带有何特点？

_____

_____

（4）什么是位置度公差？被测要素的理想位置由什么确定？

（5）确定几何公差值时，同一被测要素的位置公差值、方向公差值与形状公差值之间应保持何种关系？

引导问题 3：跳动公差带。

（1）什么是圆跳动？根据测量方向，圆跳动公差分为哪几种？

（2）跳动公差具有综合控制功能，径向圆跳动公差带综合控制什么误差？径向全跳动公差带综合控制什么误差？轴向全跳动综合控制什么误差？

（3）比较下列每两种几何公差带的异同。
①圆度公差带与径向圆跳动公差带。
②圆柱度公差带与径向全跳动公差带。

引导问题 4：几何误差及其检测。

（1）试述最小条件和最小包容区域的含义。

（2）试述几何误差五种检测原则的名称。

引导问题 5：综合练习。

（1）试将下列各项几何公差要求标注在图 2-26 上。

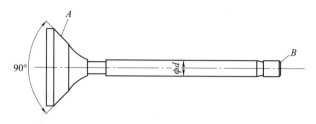

图 2-26　几何公差要求标注（一）

①圆锥面 A 的圆度公差为 0.006 mm；

②圆锥面 A 的素线直线度公差为 0.005 mm；

③圆锥面 A 的轴线对 ϕd 圆柱面轴线的同轴度公差为 0.01 mm；

④ϕd 圆柱面的圆柱度公差为 0.015 mm；

⑤右端面 B 对 ϕd 圆柱面轴线的轴向圆跳动公差为 0.012 mm。

（2）试将下列各项几何公差要求标注在图 2-27 上。

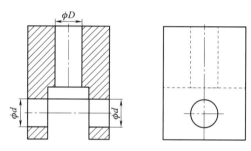

图 2-27　几何公差要求标注（二）

①两个 ϕd 孔的轴线分别对它们公共基准轴线的同轴度公差均为 0.02 mm；

②ϕD 孔的轴线对两个 ϕd 孔的公共基准轴线的垂直度公差为 0.01 mm；

③ϕD 孔的轴线对两个 ϕd 孔的公共基准轴线的偏离量不大于±15 μm。

（3）试改正图 2-28 上几何公差的标注错误（几何公差项目不允许改变）。

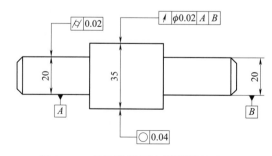

图 2-28　几何公差标注错误更正（一）

（4）试改正图 2-29 上几何公差的标注错误（几何公差项目不允许改变）。

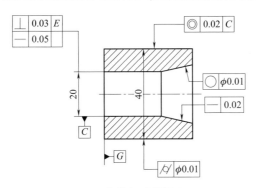

图 2-29　几何公差标注错误更正（二）

（5）试对图 2-30 上标注的几何公差进行解释，并按表 2-6 中的规定栏目填写。

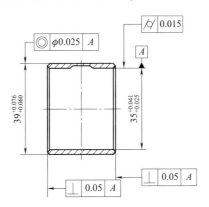

图 2-30　几何公差的标注

表 2-6　对图 2-31 中几何公差的解释

几何公差特征项目符号	几何公差特征项目名称	被测要素	基准要素	几何公差带的形状	几何公差带的大小	几何公差带相对基准的方位

（6）用坐标法测量图 2-31 所示零件的位置度误差，测得四个孔的轴线的实际坐标尺寸列于表 2-7 中。试确定该零件上各孔的位置度误差值，并判断合格与否。

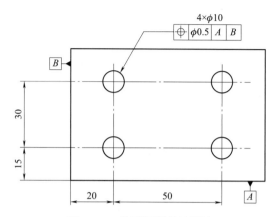

图 2-31　位置及误差的标注

表 2-7　图 2-32 中四孔的坐标

坐标值	孔序号			
	1	2	3	4
x	20.10	70.10	19.90	69.85
y	15.10	14.85	44.82	45.12

工 作 实 施

引导问题 5：测量过程的实施

（1）测量平板和心轴的作用是什么？

（2）百分表的分度值是多少？千分表呢？

内径百分表
的结构

（3）测量圆度的方法有哪几种？

（4）如何在跳动仪上测量径向圆跳动和端面圆跳动？

（5）轴向圆跳动能否完整反映出被测端面对基准轴线的垂直度误差？

引导问题6：具体测量过程

（1）量仪规格及有关参数。

测量仪器	名称		分度值	示值范围	测量范围
被测要素	项目名称			给定公差数值	

（2）数据记录与处理

测量项目	图纸要求	实测结果	结论
面对面平行度			
线对面平行度			
线对线平行度			
面对面垂直度			
径向圆跳动			
轴向圆跳动			
轴对轴同轴度			
孔对孔同轴度			

（3）被测工件合格性判定

_____

_____

_____

_____

学 习 心 得

_____

_____

_____

_____

_____

评 价 反 馈

各组代表展示作品，介绍任务的完成过程。作品展示前应准备阐述材料，并完成评价表。

学生自评表

任务	完成情况记录
任务是否按计划时间完成	
相关理论完成情况	
技能训练情况	
任务完成情况	
任务创新情况	
材料上交情况	
收获	

学生互评表

序号	评价项目	小组互评	教师评价	点评
1				
2				
3				
4				
5				
6				

教师评价表

序号	评价项目	自我评价	互相评价	教师评价	综合评价
1	学习准备				
2	引导问题填写				
3	规范操作				
4	完成质量				
5	关键操作要领掌握				
6	完成速度				
7	参与讨论的主动性				
8	沟通协作				
9	展示汇报				

注：评价档次统一采用 A（优秀）、B（良好）、C（合格）、D（努力）4 个。

知 识 链 接

知识点 1 方向公差带

方向公差涉及的要素是线和面。方向公差有平行度、垂直度和倾斜度公差等几个特征项目。方向公差是指关联实际要素相对于基准的实际方向对理想方向的允许变动量。

平行度、垂直度和倾斜度公差的被测要素与基准要素各有平面和直线之分，因此，它们的公差各有被测平面相对于基准平面（面对面）、被测直线相对于基准平面（线对面）、被测平面相对于基准直线（面对线）和被测直线相对于基准直线（线对线）四种形式。平行度、垂直度和倾斜度公差带分别相对于基准保持平行、垂直和倾斜某一理论正确角度 α 的关系。

方向公差带有形状和大小的要求，还有特定方向的要求，而其位置是浮动的。方向公差带能自然地把同一被测要素的形状公差控制在方向公差带范围内。因此，对某一被测要素给出方向公差后仅在对其形状精度有进一步要求时，才另行给出形状公差，而形状公差值必须小于方向公差值，如图 2-32 所示。

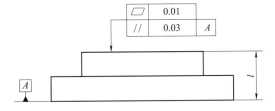

定向公差带

图 2-32 对一个被测要素同时给出方向公差和形状公差示例

方向公差带的有关标注示例及公差带定义、说明等见表 2-8。

表 2-8 方向公差带定义、示例及说明

项目	公差带定义	示例	说明
平行度	1. 线对线平行度公差 （1）一个方向 公差带是给定方向上距离为公差值 t，且平行于基准直线的两平行平面之间的区域 （2）任意方向 公差带是直径为公差值 t 且平行于基准直线的圆柱面内的区域。在公差值前加注 ϕ 		（1）ϕD 的轴线必须位于距离为公差值 0.1 mm，且在垂直方向平行于基准轴线的两平行平面之间 （2）被测轴线必须位于直径为公差值 0.1 mm，且平行于基准轴线的圆柱面内
	2. 线对面平行度公差 公差带是距离为公差值 t，且平行于基准平面的两平行平面之间的区域		孔的轴线必须位于距离为公差值 0.03 mm，且平行于基准平面的两平行平面之间
	3. 面对线平行度公差 公差带是距离为公差值 t，且平行于基准线的两平行平面之间的区域		被测表面必须位于距离为公差值 0.05 mm，且平行于基准轴线的两平行平面之间

项目	公差带定义	示例	说明
平行度	4. 面对面平行度公差 公差带是距离为公差值 t，且平行于基准面的两平行平面之间的区域		被测表面必须位于距离为公差值 0.05 mm，且平行于基准平面的两平行平面之间
垂直度	1. 线对线的垂直度公差 公差带是距离为公差值 t，且垂直于基准线的两平行平面之间的区域		ϕD 的轴线必须位于距离为公差值 0.05 mm，且垂直于 ϕD_1 孔公共轴线的两平行平面之间
垂直度	2. 线对面的垂直度 公差带是直径为公差值 t，且垂直于基准面的圆柱面内的区域		ϕd 的轴线必须位于直径为公差值 0.05 mm，且垂直于基准平面的圆柱面内
垂直度	3. 面对线的垂直度公差 公差带是距离为公差值 t，且垂直于基准线的两平行平面之间的区域		被测表面必须位于距离为公差值 0.05 mm，且垂直于基准轴线的两平行平面之间

续表

项目	公差带定义	示例	说明
垂直度	4. 面对面的垂直度公差 公差带是距离为公差值 t，且垂直于基准面的两平行平面之间的区域 基准平面	⊥ 0.05 A A	右侧表面必须位于距离为公差值 0.05 mm，且垂直于基准平面的两平行平面之间
倾斜度	5. 面对面倾斜度公差 公差带是距离为公差值 t，且与基准面成一给定角度的两平行平面之间的区域 基准平面	∠ 0.08 A 45° A	斜面必须位于距离为公差值 0.08 mm，且与基准平面成45°角的两平行平面之间

知识点 2　位置公差带

位置公差是关联实际要素对基准在位置上允许的变动全量。位置公差有同轴（心）度、对称度和位置度公差等几个特征项目。

1. 同轴（心）度公差带

同轴度公差涉及的要素是圆柱面和圆锥面的轴线，同心度公差涉及的要素是点。同轴度是指被测轴线应与基准轴线（或公共基准轴线）重合的精度要求，同心度是指被测点应与基准点重合的精度要求。

定位公差带

同轴度公差是指实际被测轴线对基准轴线（被测轴线的理想位置）的允许变动量。同轴度公差带是指直径等于公差值，且与基准轴线同轴的圆柱面内的区域。该公差带的方位是固定的。

同心度公差带是直径等于公差值，且与基准点（被测点的理想位置）同心的圆内的区域。该公差带的方位是固定的。

2. 对称度公差带

对称度公差涉及的要素是中心平面（或公共中心平面）和轴线（或公共轴线、中心直线）。对称度是指被测导出要素应与基准导出要素重合，或者在基准导出要素的精度要求范围之内。

对称度公差是指实际被测导出要素的位置对基准的允许变动量，有被测中心平面相对于基准中心平面（面对面）、被测中心平面相对于基准轴线（面对线）、被测轴线相对于基准中心平面（线对面）和被测轴线相对于基准轴线（线对线）四种形式。

对称度公差带是指间距等于公差值，且相对于基准对称配置的两平行平面之间的区域。该公差带的方位是固定的。

3. 位置度公差带

位置度公差涉及的被测要素有点、线、面，而涉及的基准要素通常为线和面。位置度是指被测要素应位于由基准和理论正确尺寸确定的理想位置上的精度要求。

位置度公差是指被测要素所在的实际位置对其理想位置的允许变动量。位置度公差带是指以被测要素的理想位置为中心来限制实际被测要素变动的区域，该区域相对于理想位置对称配置，其宽度或直径等于公差值。该公差带的方位是固定的。

综上所述，位置公差带不仅有形状和大小的要求，而且相对于基准的定位尺寸为理论正确尺寸，因此还有特定方位的要求，即位置公差带的中心具有确定的理想位置，且以该理想位置来对称配置公差带。

位置公差带能自然地把同一被测要素的形状误差和方向误差控制在位置公差带的范围内。因此，对某一被测要素给出位置公差后，仅在对其方向精度或（和）形状精度有进一步要求时，才另行给出方向公差或（和）形状公差，而方向公差值必须小于位置公差值，形状公差值必须小于方向公差值，如图 2-33 所示。

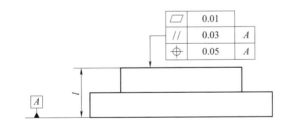

图 2-33　对一个被测要素同时给出位置、方向和形状公差

位置公差带定义、示例及说明等见表 2-9。

表 2-9　位置公差带定义、示例及说明

项目	公差带定义	示例	说明
同轴度	1. 点的同心度 公差带是直径为公差值 ϕt，且与基准圆心同心的圆内的区域		ϕd 的圆心必须位于直径为公差值 0.2 mm，且与基准圆心同心的圆内

项目	公差带定义	示例	说明
同轴度	2. 轴线的同轴度 　公差带是公差值 ϕt 的圆柱面内的区域，该圆柱面的轴线与基准轴线同轴		ϕd 的轴线必须位于直径为公差值 0.1 mm，且与基准轴线同轴的圆柱面内
对称度	公差带是距离为公差值 t，且相对基准中心平面（或中心线、轴线）对称配置的两平行平面之间的区域		槽的中心面必须位于距离为公差值 0.1 mm，且相对基准中心平面对称配置的两平行平面之间
位置度	1. 点的位置度公差 　公差带是直径为公差值 t 的球内的区域。球公差带中心点的位置由相对于基准 A、B 和 C 的理论正确尺寸确定		被测球的球心必须位于直径为公差值 0.08 mm，并以相对基准 A、B、C 所确定的理想位置为球心的球内
位置度	2. 线的位置度公差 　公差带是直径为 t 的圆柱面内的区域。公差带的轴线的位置由相对三基面体系的理论正确尺寸确定		ϕD 的轴线必须位于直径为公差值 0.1 mm，且以相对基准平面 A、B、C 的理论正确尺寸所确定的理想位置为轴线的圆柱面内

知识点 3　跳动公差带

跳动公差是按特定的测量方法定义的位置公差。跳动公差涉及的被测要素为圆柱面、端平面、圆锥面和曲面等组成要素（轮廓要素），涉及的基准要素为轴线。

跳动公差带

跳动公差有圆跳动公差和全跳动公差两个特征项目。圆跳动是指在实际被测要素无轴向移动的条件下绕基准轴线旋转一周的过程中，由位置固定的指示表在给定测量方向上测得的最大与最小值示值之差。全跳动是指在实际被测要素无轴向移动的条件下绕基准轴线连续旋转的过程中，指示表与实际被测要素做相对直线运动，指示表在给定的测量方向上测得的最大与最小示值之差。

测量跳动时的测量方向就是指示表测杆轴线相对于基准轴线的方向。根据测量方向，跳动分为径向跳动（测杆轴线与基准轴线垂直且相交）、轴向跳动（测杆轴线与基准轴线平行）和斜向跳动（测杆轴线与基准轴线倾斜某一给定角度且相交）。

跳动公差带有形状和大小的要求，还有方位的要求，即公差带相对于基准轴线有确定的方位。例如，某一横截面径向圆跳动公差带的中心点在基准轴线上；径向全跳动公差带的轴线（中心线）与基准轴线重合；轴向全跳动公差带（两平行平面）垂直于基准轴线。

跳动公差带综合控制同一被测要素的方位和形状误差；径向圆跳动公差带综合控制同轴度误差和圆度误差；径向全跳动公差带综合控制同轴度误差和圆柱度误差；轴向全跳动公差带综合控制端面对轴线的垂直度误差和平面度误差。

采用跳动公差时，若综合控制被测要素不能满足功能要求，则可进一步给出相应的形状公差（其数值应小于跳动公差值），如图 2-34 所示。

跳动公差带的定义、示例及说明见表 2-10。

图 2-34　跳动公差和形状公差同时标注示例

表 2-10　跳动公差带的定义、示例及说明

项目	公差带定义	示例	说明
圆跳动	1. 径向圆跳动 公差带是在垂直于基准轴线的任一测量平面内，半径差为公差值 t，且圆心在基准轴线上的两同心圆之间的区域 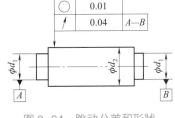		ϕd 圆柱面绕基准轴线做无轴向移动回转一周时，在任一测量平面内的径向圆跳动量均不得大于公差值 0.05 mm

续表

项目	公差带定义	示例	说明
圆跳动	2. 端面圆跳动公差 公差带是在与基准轴线同轴的任一半径位置的测量圆柱面上沿母线方向距离为 t 的两圆之间的区域 		当被测件绕基准轴线无轴向移动旋转一周时,在被测面上任一测量直径处的轴向跳动量均不得大于公差值 0.05 mm
	3. 斜向圆跳动公差 公差带是在与基准轴线同轴,且母线垂直于被测表面的任一测量圆锥面上,沿母线方向距离为 t 的两圆之间的区域 		被测件绕基准轴线无轴向移动旋转一周时,在任一测量圆锥面上的跳动量均不得大于 0.05 mm
全跳动	1. 径向全跳动公差 公差带是半径差为公差值 t,且与基准轴线同轴的两圆柱面之间的区域		ϕd 表面绕基准轴线做无轴向移动的连续回转,同时指示计做平行于基准轴线方向的直线移动,在 ϕd 整个表面上的跳动量不得大于公差值 0.2 mm
	2. 端面全跳动公差 公差带是距离为公差值 t,且与基准轴线垂直的两平行平面之间的区域		端面绕基准轴线做无轴向移动的连续回转,同时指示计做垂直于轴线方向的直线移动,在整个端面上的跳动量不得大于 0.05 mm

知识点 4 几何误差及其检测

几何误差是被测实际要素对其理想要素的变动量。在几何误差的检测中，常以测得要素作为实际要素，根据测得要素来评定几何误差值，判断其是否符合几何精度要求，从而作出合格与否的结论。

1. 实际要素的体现

基准是确定要素间几何关系的依据。在设计和检验中进行方向、位置误差的实际测量时，为确定被测要素的方向和位置，需要用一定的方法将基准体现出来。在满足测量精度的前提下，基准的体现应使测量过程简单、方便和经济。常用的基准体现方法是模拟法。

模拟法就是用具有足够精度的事物来模拟基准，如用平板体现基准实际要素、用心轴轴线来体现基准轴线、用互相垂直的三块平板模拟三基面体系等，如图 2-35 所示。

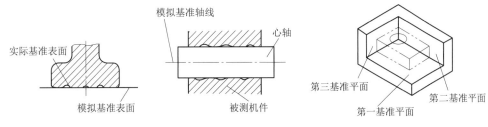

图 2-35 基准的模拟体现

2. 几何误差的检测原则

由于被测零件的结构特点、尺寸大小和被测要素的精度要求以及检测设备条件的不同，同一几何误差项目可以用不同的检测方法来检测。从检测原理上可以将常用的几何误差检测方法概括为下列五种检测原则。

1）与理想要素比较原则

与理想要素比较原则是指测量时将被测实际要素与理想要素相比较，在比较过程中取得相应数据，通过分析处理这些数据来评定被测要素的几何误差。这种检测原则（方法）在几何误差测量中应用最为广泛。

运用该原则在实际检测时，通常用模拟法体现"理想要素"。如用几何光束、精密直线导轨、刀口尺及拉紧细钢丝等来模拟理想直线，用平面、精密平面、水平面、几何光束扫描平面等来模拟理想平面，用精密轴系回转的轨迹来模拟理想圆。在模拟中，理想要素的误差将直接反映到测量值中，因此模拟理想要素的形状应足够精确。如图 2-36所示，用刀口尺测量直线度误差，就是以刀口作为理想直线，被测直线与之比较，根据光隙大小来判断直线度误差。

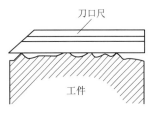

图 2-36 与理想要素比较原则示例

2）测量坐标值原则

测量坐标值原则是指利用坐标测量装置（如三坐标测量机、

工具显微镜）测得实际要素上各点的坐标值，再经过计算确定几何误差值。

图 2-37 所示为测量孔的位置度误差，测得各孔的坐标值为 (x_1, y_1)、(x_2, y_2)、(x_3, y_3)、(x_4, y_4)，计算出相对理论正确尺寸的偏差为

$$\Delta x_i = x_i - \boxed{x_i} \; ; \; \Delta y_i = y_i - \boxed{y_i}$$

各孔的位置度误差为

$$\phi f_i = 2\sqrt{(\Delta x_i)^2 + (\Delta y_i)^2} \quad (i = 1, 2, 3, 4)$$

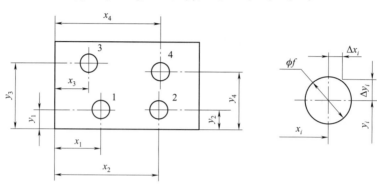

图 2-37　测量坐标值原则示例

3）测量特征参数原则

测量特征参数原则是指测量被测实际要素上具有代表性的参数（即特征参数）来近似表示几何误差值。例如，以任意方向内最大直线度误差来表示平面度误差；用两点法在一个横截面内的几个方向上测量直径，取最大、最小直径差的一半为圆度误差。

用特征参数来表示几何误差与按定义确定的几何误差相比是个近似值，但应用该原则往往可简化测量设备和测量过程，也不需要复杂的数据处理。因此在生产现场中，在能满足测量精度、保证产品质量的前提下，测量特征参数原则是用得较多的高效和经济的测量方法。

4）测量跳动原则

测量跳动原则是指被测实际要素绕基准轴线回转过程中，沿给定方向测量其对某参考点或线的变动量。变动量是指检测仪表的最大与最小读数之差，该原则是直接根据跳动的定义提出来的。

图 2-38 所示为采用测量跳动原则进行跳动测量的实例。测量跳动原则，主要用于测量圆跳动和全跳动，但根据该公差项目与其他相关项目的关系，可以兼顾圆度误差值测量的特点，也可通过测量跳动来代替同轴度误差或某些垂直度误差的测量。

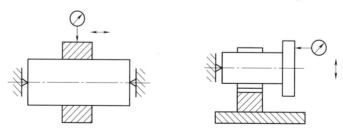

图 2-38　测量跳动原则示例

5）理想边界控制原则

理想边界控制原则是指在按包容要求或最大实体要求处理尺寸公差与几何公差相互关系时，所确定的以最大实体边界或最大实体实效边界为理想边界，要求被测要素的实际轮廓不能超出该边界，以判断其合格与否的原则。判断被测实体是否超越理想边界的有效方法是用功能量规进行检验。

图 2-39 所示为用功能量规检验零件同轴度误差的示例。

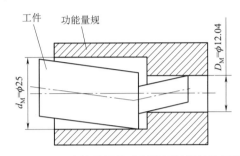

图 2-39　用功能量规检验零件同轴误差的示例

3. 几何误差的评定

在测量被测实际要素的几何误差值时，首先应确定理想要素对被测实际要素的具体方位。因为不同方位的理想要素与被测实际要素上各点的距离是不同的，所以以测量所得的几何误差值也不相同。确定理想要素方位的常用方法为最小包容区域法。

最小包容区域法是用两个等距的理想要素包容实际要素，并使两理想要素之间的距离为最小，应用最小包容区域法评定几何误差是完全满足"最小条件"的。所谓"最小条件"，即被测实际要素对其理想要素的最大变动量为最小。

1）形状误差及其评定

如图 2-40 所示，理想直线（或平面）的方位可取 A_1-B_1、A_2-B_2、A_3-B_3 等，其中 A_1-B_1 之间的距离（误差）f 为最小，即 $f_1<f_2<f_3$，故理想直线应取 A_1-B_1，来评定直线度误差。

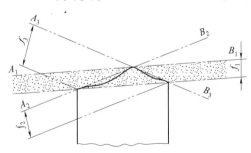

图 2-40　按最小包容区域法评定直线度误差

对于圆形轮廓，即用两同心圆去包容被测实际轮廓。如图 2-41 所示：由两个同心圆包容实际被测圆 S 时，S 上至少有 4 个极点内、外相间地与这两个同心圆接触（至少有两个内极点与内圆接触，两个外极点与外圆接触），则这两个同心圆之间的区域 U 即为最小包容区域，该区域的宽度（即这两个同心圆的半径差 f_{MZ}）就是符号定义的圆度误差值。

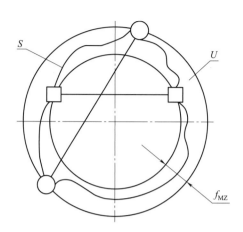

图 2-41　圆度误差最小包容区域判别准则

2）方向误差及其评定

如图 2-42 所示，评定方向误差时，在理想要素相对于基准 A 的方向保持图样上给定的几何关系（平行、垂直或倾斜某一理论正确角度）的前提下，应使实际被测要素 S 对理想要素的最大变动量为最小。

方向误差值用对基准保持所要求方向的定向最小包容区域 U 的宽度 f 或直径 ϕf 表示。定向最小包容区域的形状与方向公差带的形状相同，但前者的宽度或直径由实际关联要素本身决定。

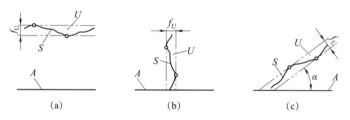

图 2-42　面对面方向误差的定向最小包容区域判别准则

（a）平行度误差；（b）垂直度误差；（c）倾斜度误差

3）位置误差及其评定

位置误差值用定位最小包容区域的宽度或直径来表示，定位最小包容区域是指以理想要素的位置为中心来对称地包容实际关联要素时具有最小宽度或最小直径的包容区域。定位最小包容区域的形状与位置公差带的形状相同，但前者的宽度或直径由实际关联要素本身决定。

如图 2-43（a）所示，评定被测表面的位置度误差时，理想平面所在的位置 P_0 由基准平面 A 和理论正确尺寸 l 确定。定位最小包容区域 U 为对称配置于 P_0 的两平行平面之间的区域。实际被测要素 S 只有一个测点与 U 接触，位置度误差值 f_U 为这一点至 P_0 距离的两倍。

又如图 2-43（b）所示，评定孔轴线的位置度误差时，设该孔的实际轴线用心轴轴线模拟体现，此实际轴线用一个点 S 表示，理想轴线的位置由基准 A、B 和理论正确尺寸 L_x、L_y

确定，用点 O 表示。以点 O 为圆心，以 OS 为半径作圆，则该圆内的区域是定位最小包容区域 U。其位置度误差 $\phi f_U = \phi\ (2 \times OS)$。

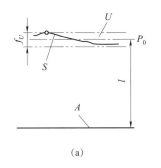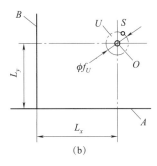

图 2-43　定位最小包容区域

（a）由两平行平面构成的定位最小包容区域；（b）由一个圆构成的定位最小包容区域

任 务 实 施

一、角座零件平行度和垂直度误差的测量

1. 检测内容

如图 2-22 所示，检测角座零件的平行度和垂直度误差。

2. 使用量具

测量平板、心轴、精密直角尺、塞尺、指示表、表架、外径游标卡尺等。

垂直度的测量

3. 实验步骤

（1）按与理想要素比较原则测量顶面对底面的平行度误差，实验图如图 2-44 所示。

①将被测工件放置于测量平板上，以平板面作模拟基准。

②调整指示表在支架上的高度，将指示表测头与被测面接触，使指示表指针倒转 1～2 圈。

③固定指示表，然后在整个被测表面上沿规定的各测量线移动指示表支架，取指示表的最大与最小读数之差作为被测表面的平行度误差。

④记录测量结果。

（2）测量两孔轴线对底面的平行度误差，实验图如图 2-45 所示。

①以心轴模拟被测孔的轴线，以平板模拟基准底面。

②按心轴上的素线调整指示表的高度，并固定。

③在距离为 L_1 的两个位置上测得两个读数 M_1 和

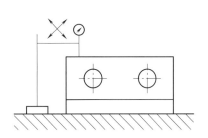

图 2-44　测量顶面对底面的
平行度误差

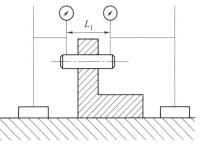

图 2-45　测量两孔轴线对底面的
平行度误差

M_2，则被测轴线对基准下表面的平行度误差为

$$f = \frac{L}{L_1} \left| M_1 - M_2 \right| \quad (L \text{ 为被测轴线的长度})$$

④记录测量结果。

（3）测量两孔轴线之间的平行度误差，实验图如图2-46所示。

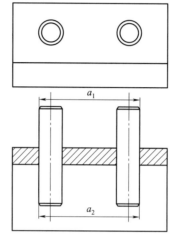

图2-46　测量两孔轴线之间的平行度误差

①用心轴模拟两孔的轴线。

②用游标卡尺在靠近孔口端面处测量尺寸 a_1 及 a_2，其差值即为所求平行度误差。

③记录测量结果。

（4）按测量特征参数原则测量侧面对底面的垂直度误差，实验图如图2-47所示。

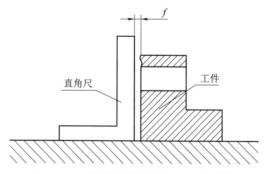

图2-47　测量侧面对底面的垂直度误差

①用平板模拟基准，将精密直角尺的短边置于平板，长边靠在被测侧面上，此时长边为理想要素。

②用塞尺测量直角尺长边与被测侧面之间的最大间隙，测定值即为该位置的垂直度误差。

③移动直角尺，在不同位置重复上述测量，取最大误差值为该被测侧面的垂直度误差。

④记录测量结果。

二、径向圆跳动和轴向圆跳动误差的测量

1. 实验内容

如图 2-24 所示，检测盘套零件的径向圆跳动和轴向圆跳动误差。

2. 实验设备

百分表、磁力表座、偏摆检查仪、平台、等高顶尖座、百分表架和心轴（根据孔径配制）等。

圆度和圆跳动的测量方法

3. 实验步骤

本实验采用跳动测量仪测量盘套形零件的径向和轴向圆跳动。该测量仪的外形如图 2-48 所示，它主要由底座 5 和两个顶尖座 4 组成。

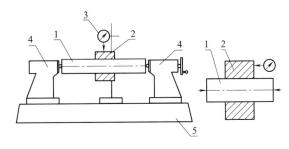

图 2-48　圆跳动测量示意图

1—心轴；2—被测零件；3—指示表；4—顶尖座（两个）；5—底座

（1）把被测零件 2 安装在心轴 1 上（被测零件的基准孔与心轴间成无间隙配合），然后把心轴安装在量仪的两个顶尖座 4 的顶尖之间，使心轴能自由转动且没有轴向窜动。

（2）将安装着指示表 3 的表架放置于底座 5 的工作面上，调整指示表表架的位置，使指示表 3 测杆的轴线垂直于心轴轴线，且测量头与被测外圆的最高点接触（表架沿圆柱面切线方向移动时，指示表指针回转的转折点），并把测杆压缩 1～2 mm（即指示表长指针压缩 1～2 转），此时固定表架的位置，然后把被测零件缓慢转动一圈，读取指示表的最大与最小示值，它们的差值即为径向圆跳动值。对于较长的被测外圆柱面，应根据具体情况测量几个横截面的径向圆跳动值，取其中的最大值作为测量结果。

（3）调整指示表 3 在表架上的位置，使指示表测杆的轴线平行于心轴轴线，测量头与被测端面接触，并把测杆压缩 1～2 mm。然后把被测零件缓慢转动一转，读取指示表的最大与最小示值，它们的差值即为轴向圆跳动值。若被测圆端面的直径较大，则应根据具体情况，在不同的几个轴向位置上测量轴向圆跳动值，取其中最大值作为测量结果。

（4）记录测量结果。

三、同轴度误差的测量

1. 实验内容

如图 2-24 和图 2-25 所示，检测轴对轴的同轴度误差和孔对孔的同轴度误差。

2. 实验设备

V 形架、平板、定位器、百分表、心轴、可调支承、固定支承等。

3. 实验步骤

（1）轴对轴的同轴度误差测量如图 2-49 所示，同轴度误差为各径向截面测得的最大读数差中的最大值。

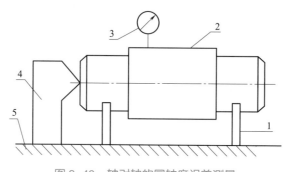

图 2-49　轴对轴的同轴度误差测量

1—V 形架；2—被测轴；3—指示表；4—定位器；5—平板

（2）孔对孔的同轴度误差测量如图 2-50 所示。

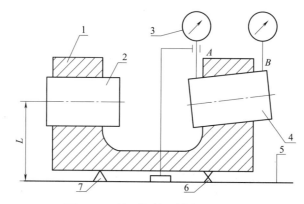

图 2-50　孔对孔的同轴度误差测量

1—被测件；2—基准孔心轴；3—指示表；4—被测孔心轴；5—平板；6—可调支承；7—固定支承

心轴与两孔为无间隙配合，调整基准孔轴线与平板平行，在靠近被测孔心轴 A、B 两点测量，求出两点与高度 $(L+d_2/2)$ 差值 f_{Ax} 和 f_{Bx}；然后将被测工件转动 90°，再测出 f_{Ay}、f_{By}，则：

A 处同轴度：

$$f_A = 2\sqrt{f_{Ax}^2 + f_{Ay}^2}$$

B 处同轴度：

$$f_B = 2\sqrt{f_{Bx}^2 + f_{By}^2}$$

取 f_A 和 f_B 中较大者作为孔对孔的同轴度误差。

（3）记录测量结果。

任务三　尺寸公差与几何公差关系分析

任务引入

图 2-51 所示为一减速箱齿轮零件图，试分析其基准孔 φ58H7Ⓔ所遵守的公差原则；分析计算检验 φ58H7Ⓔ孔用塞规工作部分的极限尺寸，并用塞规检验该孔的合格性。

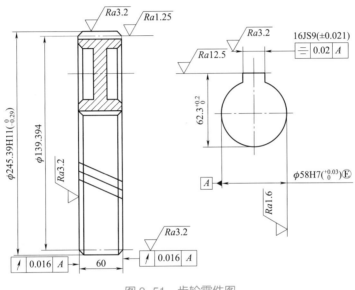

图 2-51　齿轮零件图

学习目标

（1）明确公差原则的含义和分类。

（2）理解公差原则的有关术语及定义。

（3）能正确理解独立原则、包容要求、最大实体要求等的含义、标注、零件合格条件及其应用。

（4）能正确理解几何公差的选择内容、选择原则及未注几何公差的规定，会初步进行几何公差的选择。

（5）能够理解光滑极限量规的检验原理，会用塞规和卡规检验工件。

（6）会进行测量数据的处理，并判别零件的合格性。

（7）培养学生的使命感和责任感，强化学生的自身教育能力和社会实践能力。

任务分组

学生任务分配表

班级		组号		指导教师	
组长		学号			
组员	姓名	学号		姓名	学号

获取信息

引导问题 1：公差原则及有关术语。

（1）什么是公差原则？公差原则分为哪些内容？

_____

_____

（2）什么是体外作用尺寸？

_____

_____

（3）什么是最大实体状态、最大实体尺寸、最小实体状态和最小实体尺寸？

_____

_____

_____

（4）什么是最大实体实效状态、最大实体实效尺寸、最小实体实效状态、最小实体实效尺寸？

_____

_____

_____

（5）试述边界和边界尺寸的含义。

_____

_____

_____

引导问题2：独立原则。

试述独立原则的含义、在图样上的表示方法及其主要应用场合。

_____

_____

_____

引导问题3：包容要求。

（1）试述包容要求的含义、在图样上的表示方法及其主要应用场合。

_____

_____

_____

（2）写出包容要求应用于孔、轴的合格条件。

_____

_____

_____

（3）图样上标注轴的尺寸为 $\phi 30^{+0.021}_{+0.008}$ Ⓔ mm。按该图样加工一批轴后测得其中一个轴横截面形状正确，实际尺寸处处皆为 $\phi 30.009$ mm，轴线的直线度误差为 $\phi 0.01$ mm，试判断该轴是否合格。

_____

_____

_____

_____

引导问题4：最大实体要求。

（1）试述最大实体要求应用于被测要素的含义、在图样上的表示方法及其主要应用场合。

_____

_____

（2）最大实体要求应用于基准要素时，如何确定基准要素应遵守的边界？基准符号的字母如何在方向、位置公差框格中标注？

_____

_____

引导问题5：最小实体要求。

（1）试述最小实体要求应用于被测要素的含义、在图样上的表示方法及其主要应用场合。

_____

_____

（2）最小实体要求应用于基准要素时，如何确定基准要素应遵守的边界？基准符号的字母如何在方向、位置公差框格中标注？

_____

_____

_____

引导问题6：几何公差的选择

（1）被测要素的几何精度设计中包括哪几方面的内容？

_____

_____

_____

（2）GB/T 1184—1996对各项几何公差的未注公差值作了哪些规定？采用GB/T 1184—1996规定的几何公差未注公差值时，在图样上如何表示？

_____

_____

_____

引导问题7：综合练习

试根据习题图所示五个图样的标注，在下列表格中分别填写各项的内容。

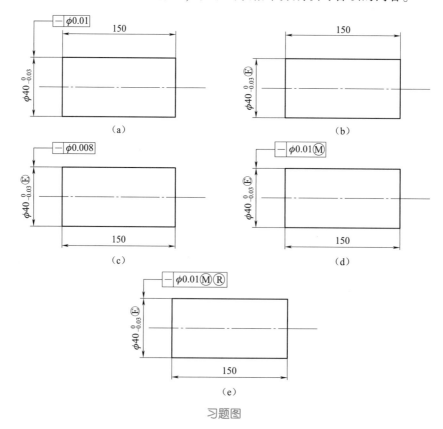

习题图

图样序号	采用的公差原则的名称	边界名称及边界尺寸/mm	最大实体状态下允许的形状误差值/mm	允许的最大形状误差值/mm	实际尺寸合格范围/mm
a					
b					
c					
d					
e					

工 作 实 施

引导问题5：测量过程的实施

（1）孔或轴（被测要素）的尺寸公差与几何公差的关系采用独立原则时，它们的实际尺寸和几何误差应如何检测？

_____

_____

（2）孔或轴（被测要素）的尺寸公差与几何公差的关系采用包容要求或最大实体要求时，它们的实际尺寸和几何误差应如何检测？

_____

_____

_____

（3）试述用光滑极限量规检验孔或轴时通规和止规的用途，并说出被检验孔或轴的合格条件是什么。

_____

_____

_____

引导问题6：具体测量过程

（1）量具规格及有关参数。

测量仪器	名称	分度值	示值范围	测量范围
被测要素	项目名称		给定公差数值	

（2）塞规和卡规工作部分尺寸数据分析。

试写出检验 $\phi58H7ⓔ$ 孔用塞规通规和止规极限尺寸的计算过程。

_____

_____

_____

工作量规
的设计 2

试写出检验 $\phi40k6ⓔ$ 轴用卡规通规和止规极限尺寸的计算过程。

_____

_____

_____

（3）被测工件合格性判定。

_____

_____

_____

_____

学 习 心 得

_____

_____

_____

_____

评 价 反 馈

各组代表展示作品，介绍任务的完成过程。作品展示前应准备阐述材料，并完成评价表。

学生自评表

任务	完成情况记录
任务是否按计划时间完成	
相关理论完成情况	
技能训练情况	
任务完成情况	
任务创新情况	
材料上交情况	
收获	

学生互评表

序号	评价项目	小组互评	教师评价	点评
1				
2				
3				
4				
5				
6				

教师评价表

序号	评价项目	自我评价	互相评价	教师评价	综合评价
1	学习准备				
2	引导问题填写				
3	规范操作				
4	完成质量				
5	关键操作要领掌握				
6	完成速度				
7	参与讨论的主动性				
8	沟通协作				
9	展示汇报				

注：评价档次统一采用 A（优秀）、B（良好）、C（合格）、D（努力）4 个。

知 识 链 接

知识点 1　有关公差原则的术语及定义

零件几何要素既有尺寸公差的要求，又有几何公差的要求，它们都是对同一要素的精度要求。因此有必要研究几何公差与尺寸公差的关系。确定几何公差与尺寸公差之间的相互关系应遵循的原则称为公差原则，它分为独立原则和相关要求两大类，而相关要求又分为包容要求、最大实体要求、最小实体要求和可逆要求。设计时，从功能要求（配合性质、装配互换及其他功能要求等）出发，来合理地选择独立原则或不同的相关要求。

1. 体外作用尺寸

外表面（轴）的体外作用尺寸 d_{fe}，是指在被测外表面的给定长度上，与实际外表面体外相接的最小理想面（最小理想孔）的直径（或宽度），如图 2-52（a）所示。

内表面（孔）的体外作用尺寸 D_{fe}，是指在被测内表面的给定长度上，与实际内表面体外相接的最大理想面（最大理想轴）的直径（或宽度），如图 2-52（b）所示。

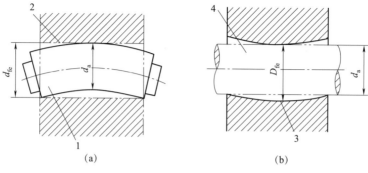

图 2-52　单一尺寸要素的体外作用尺寸

（a）轴的体外作用尺寸；（b）孔的体外作用尺寸

1—实际被测轴；2—最小的外接理想孔；3—实际被测孔；4—最大的外接理想轴

对于关联要素，其理想面的轴线或中心平面必须与基准保持图样给定的几何关系，如图 2-53 所示，被测轴的体外作用尺寸 d_{fe} 是指在被测轴的配合面全长上，与实际被测轴体外相接的最小理想孔 K 的直径，而该理想孔的轴线必须垂直于基准平面 G。

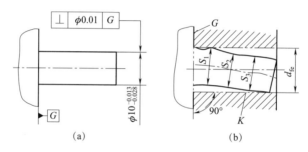

图 2-53　关联实际要素轴的体外作用尺寸

（a）图样标注；（b）最小理想孔的轴线垂直于基准平面

2. 最大实体状态和最大实体尺寸

（1）最大实体状态（MMC）：实际要素在给定长度上处处位于尺寸极限之内并具有实体最大（即材料量最多）的状态。

（2）最大实体尺寸（MMS）：实际要素在最大实体状态下的极限尺寸。对于外表面为下极限尺寸，对于内表面为上极限尺寸，其代号分别用 d_M 和 D_M 表示，即 $d_M = d_{max}$，$D_M = D_{min}$。

3. 最小实体状态和最小实体尺寸

（1）最小实体状态（LMC）：实际要素在给定长度上处处位于极限尺寸之内并具有实体最小（即材料量最少）的状态。

（2）最小实体尺寸（LMS）：实际要素在最小实体状态下的极限尺寸。对于外表面为下极限尺寸，对于内表面为上极限尺寸，其代号分别用 d_L 和 D_L 表示，即 $d_L = d_{min}$，$D_L = D_{max}$。

4. 最大实体实效状态和最大实体实效尺寸

（1）最大实体实效状态（MMVC）：在给定长度上，实际要素处于最大实体状态且其中心要素的几何误差等于给出公差值时的综合极限状态。

（2）最大实体实效尺寸（MMVS）：最大实体实效状态下的体外作用尺寸。内表面（孔）的最大实体实效尺寸用 D_{MV} 表示，外表面（轴）的最大实体实效尺寸用 d_{MV} 表示，即

$$D_{MV} = D_M - 几何公差值 t$$
$$d_{MV} = d_M + 几何公差值 t$$

5. 边界

设计时，为了控制被测要素的实际尺寸和几何误差的综合结果，需要对该综合结果规定允许的极限，此极限用边界的形式表示。边界是设计时给定的具有理想形状的极限包容面（极限圆柱面或两平行平面）。

根据设计要求，可以给出不同的边界。当要求某要素遵守特定的边界时，该要素的实际轮廓不得超出此特定的边界。

知识点 2　独立原则

独立原则是指图样上对被测要素给定的尺寸公差和几何公差各自独立，应分别满足各自要求的公差原则。运用独立原则时，在图样上对尺寸公差与几何公差应采取分别标注的形式，不附加任何标记，如图 2-54 所示。

在图 2-54 中，实际尺寸在最大极限尺寸与最小极限尺寸之间的任一零件的轴线直线度公差都是 0.02 mm。

独立原则是尺寸公差和几何公差相互关系遵循的基本原则。

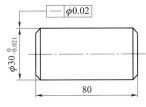

图 2-54　独立原则示例

知识点 3　相关要求

相关要求是指图样上给定的尺寸公差和几何公差相互有关的公差要求。

1. 包容要求

包容要求表示被测实际要素应遵守其最大实体边界，即要素的体外作用尺寸不得超越其最大实体尺寸，且局部实际尺寸不得超出最小实体尺寸。

对于外表面：$d_{fe} \leqslant d_M (d_{max})$，且 $d_a \geqslant d_L (d_{min})$；

对于内表面：$D_{fe} \geqslant D_M (D_{min})$，且 $D_a \leqslant D_L (D_{max})$。

GB/T 4249—2009 规定，包容要求适用于单一要素。采用包容要求的单一要素，应在其尺寸极限偏差或公差带代号之后加注符号Ⓔ，如图 2-55（a）所示。

在图 2-55 中，该轴必须位于尺寸为最大实体尺寸 $\phi30$ mm 的理想包容面内。轴的局部实际尺寸可在最大、最小极限尺寸即 $\phi30 \sim \phi29.979$ mm 内变化，但其体外作用尺寸不能超出边界尺寸 $\phi30$ mm。当轴的局部实际尺寸为最大实体尺寸 $\phi30$ mm 时，轴的形状误差应该为零；当轴的局部实际尺寸处处为最小实体尺寸 $\phi29.979$ mm 时，轴线的直线度误差允许达到 0.021 mm。轴的尺寸公差与形状公差之间的关系可以用动态公差图表示出来，如图 2-55（b）所示。

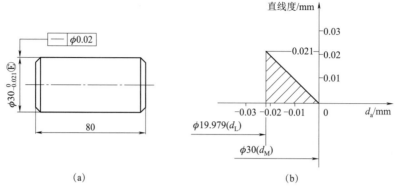

（a）   （b）

图2-55　包容要求示例

2. 最大实体要求

最大实体要求是控制被测要素的实际轮廓处于其最大实体实效边界之内的一种公差要求，当其实际尺寸偏离最大实体尺寸时，允许几何误差值超出给出的公差值。最大实体要求的标志是在给出的几何公差值或基准字母后面标注符号Ⓜ。

最大实体要求适用于中心要素，如轴线、中心平面等，可用于被测要素或基准要素，主要用于保证零件的装配互换性。

1）最大实体要求应用于被测要素

最大实体要求应用于被测要素时，被测要素的实际轮廓在给定长度上处处不得超出最大实体实效边界，即其体外作用尺寸不应超出最大实体实效尺寸，且其局部实际尺寸不得超出最大实体尺寸和最小实体尺寸。

对于外表面：$d_{fe} \leqslant d_{MV} = d_M + t$，且 $d_M = d_{max} \geqslant d_a \geqslant d_L = d_{min}$；

对于内表面：$D_{fe} \geqslant D_{MV} = D_M - t$，且 $D_M = D_{min} \leqslant D_a \leqslant D_L = D_{max}$。

最大实体要求应用于被测要素时，被测要素的几何公差值是在该要素处于最大实体状态时给出的，当被测要素实际轮廓偏离其最大实体状态，即其实际尺寸偏离最大实体尺寸时，几何误差值可超出在最大实体状态给出的几何公差值，实际尺寸偏离多少，允许的几何误差即可增加多少，最大增加量等于被测要素的尺寸公差值，从而实现尺寸公差向几何公差的转化。

如图2-56（a）所示，轴 ϕ20 mm 轴线的直线度公差采用最大实体要求。轴的最大实体尺寸为 $d_M = d_{max} = \phi$20 mm，此时的直线度公差为 0.1 mm；轴的最大实体实效尺寸为 $d_{MV} = d_M + t = \phi$（20+0.1）$= \phi$20.1（mm）。

当轴的实际尺寸偏离最大实体尺寸时，直线度公差将超出 0.1 mm，而当实际尺寸为最小实体尺寸时，最大程度偏离最大实体状态，偏离量为尺寸公差 0.3 mm，此时直线度公差获得最大补偿量，则允许的直线度公差为 0.1+0.3=0.4（mm）。其动态公差图如2-56（b）所示。

当被测要素采用最大实体要求，且给出的几何公差值为零时，称为最大实体要求的零几何公差。零几何公差可视为最大实体要求的特例。此时，被测要素的最大实体实效边界等于

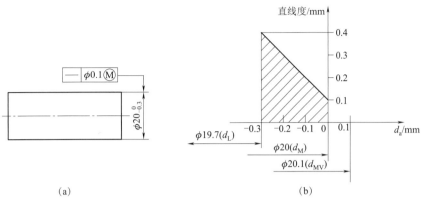

(a)   (b)

图 2-56 最大实体要求示例

最大实体边界，最大实体实效尺寸等于最大实体尺寸。

2）最大实体要求应用于基准要素

当在公差框格基准符号后标注有Ⓜ时，表示最大实体要求应用于基准要素。

国家标准规定：当基准要素本身采用最大实体要求时，其相应的边界为最大实体实效边界；当基准要素本身不采用最大实体要求时，其相应的边界为最大实体边界。

如图 2-57（a）所示，最大实体要求应用于轴 $\phi12$ mm 轴线对轴 $\phi25$ mm 轴线的同轴度公差，并同时应用于基准要素。在该例中，被测要素遵守最大实体实效边界，基准要素遵守最大实体边界。

（1）被测要素处于最大实体状态，且基准的实际轮廓处于最大实体边界上时，其轴线对基准的同轴度公差为 $\phi0.04$ mm，如图 2-57（b）所示。被测轴应满足下列要求：

①实际尺寸应为 $\phi11.95 \sim \phi12$ mm。

②实际轮廓不超出关联最大实体实效边界。最大实体实效尺寸 $d_{MV} = \phi（12+0.04）= \phi12.04$（mm），当被测要素的实际尺寸偏离最大实体尺寸时，同轴度误差允许值增大。当被测要素处于最小实体状态时，其轴线对基准的同轴度误差允许达到最大值，为 $\phi（0.04+0.05）= \phi0.09$（mm），如图 2-57（c）所示。当基准实际轮廓处于最大实体边界上，即 $d_M = \phi25$ mm 时，基准轴线不能浮动，而处于图样上给出的理想位置，如图 2-57（c）所示。

（2）基准的实际轮廓偏离最大实体边界，即其体外作用尺寸偏离最大实体尺寸 $\phi25$ mm 时，基准轴线可以浮动。当其体外作用尺寸等于最小实体尺寸 $\phi24.95$ mm 时，其浮动范围达到最大值 $\phi0.05$ mm，如图 2-57（d）所示。基准浮动，其结果是在一定的条件下，被测要素的几何误差允许值得到增大。

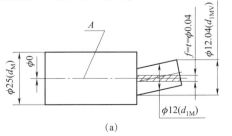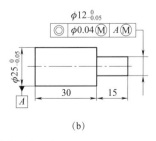

(a)   (b)

图 2-57 最大实体要求应用于基准要素示例

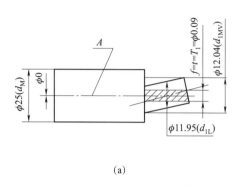
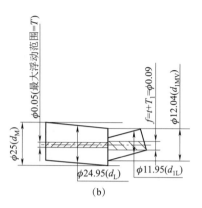

(a)　　　　　　　　　　　　　　　　　　(b)

图 2-57　最大实体要求应用于基准要素示例（续）

3. 最小实体要求

最小实体要求是控制被测要素的实际轮廓处于其最小实体实效边界之内的一种公差要求，当其实际尺寸偏离最小实体尺寸时，允许其几何误差值超出在最小实体状态下给出的公差值，其标记方法是在公差值或（和）基准符号后面加注符号Ⓛ。

最小实体要求适用于中心要素，多用于保证零件的强度要求。

1）有关最小实体要求的术语及定义

（1）体内作用尺寸。

外表面（轴）的体内作用尺寸 d_{fi}，是指在被测外表面的给定长度上，与实际外表面体内相接的最大理想面（最大理想孔）的直径（或宽度），如图 2-58（a）所示。

内表面（孔）的体内作用尺寸 D_{fi}，是指在被测内表面的给定长度上，与实际内表面体内相接的最小理想面（最小理想轴）的直径（或宽度），如图 2-58（b）所示。

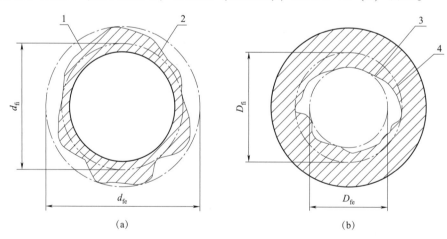

(a)　　　　　　　　　　　　　　　　　　(b)

图 2-58　单一尺寸要素的体内作用尺寸

（a）轴的体内作用尺寸；（b）孔的体内作用尺寸

1—被测实际轴；2—最大的内接理想面；3—实际被测孔；4—最小的内接理想面；

d_{fi}、d_{fe}—轴的体内、体外作用尺寸；D_{fi}、D_{fe}—孔的体内、体外作用尺寸

对于关联要素，该理想面的轴线或中心平面应与基准保持图样上给定的几何关系。

（2）最小实体实效状态（LMVC）。

最小实体实效状态是指在给定长度上，实际要素处于最小实体状态且其中心要素的几何误差等于给出公差值时的综合极限状态。

（3）最小实体实效尺寸（LMVS）。

最小实体实效尺寸是指最小实体实效状态下的体内作用尺寸。内表面（孔）的最小实体实效尺寸用 D_{LV} 表示，外表面（轴）的最小实体实效尺寸用 d_{LV} 表示，即

$$D_{LV} = D_L + 几何公差值\ t$$
$$d_{LV} = d_L - 几何公差值\ t$$

2）最小实体要求用于被测要素

最小实体要求应用于被测要素时，被测要素的实际轮廓在给定的长度上处处不得超出最小实体实效边界，即其体内作用尺寸不应超出最小实体实效尺寸，且局部实际尺寸不得超出最大实体尺寸和最小实体尺寸。

对于外表面：$d_{fi} \leqslant d_{LV} = d_L - t$，且 $d_M = d_{max} \geqslant d_a \geqslant d_L = d_{min}$；

对于内表面：$D_{fi} \geqslant D_{LV} = D_L + t$，且 $D_M = D_{min} \leqslant D_a \leqslant D_L = D_{max}$。

最小实体要求应用于被测要素时，被测要素的几何公差值是在该要素处于最小实体状态时给出的。当被测要素偏离其最小实体状态，即其实际尺寸偏离最小实体尺寸时，几何误差值可以超出在最小实体状态下给出的几何公差值。此时，几何公差值可以增大，实际尺寸偏离多少，允许的几何误差即可增加多少，最大增加量等于被测要素的尺寸公差值，从而实现尺寸公差向几何公差的转化。

如图 2-59（a）所示，$\phi 8$ mm 孔的轴线位置公差采用最小实体要求。$\phi 8$ mm 孔的轴线对端面基准提出了 $\phi 0.4$ mm 的位置度公差要求，其中 $D_M = \phi 8$ mm，$D_L = \phi 8.25$ mm，$D_{LV} = \phi 8.65$ mm，如图 2-59（b）和图 2-59（c）所示。该孔应满足的要求如下：

（1）孔的实际尺寸应在 D_M 与 D_L 之间，即 $\phi 8 \sim \phi 8.25$ mm。

（2）孔的实际轮廓不超出最小实体实效边界，即 $d_{fi} \leqslant D_{LV} = \phi 8.65$ mm。

当孔的实际尺寸偏离最小实体尺寸时，轴线的位置度公差允许增大，且当孔处于最大实体状态时，轴线对基准的位置度公差达到最大值，为 $\phi 0.4 + \phi 0.25 = \phi 0.65$（mm）。其动态公差图如图 2-59（d）所示。

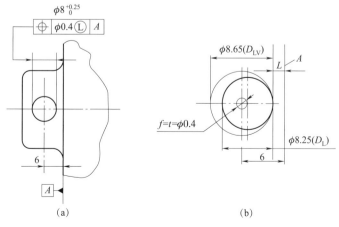

图 2-59　最小实体要求示例

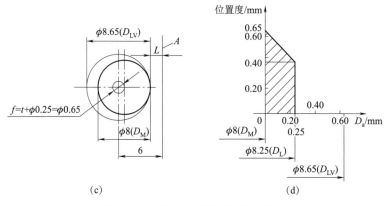

图 2-59　最小实体要求示例（续）

当被测要素采用最小实体要求，且给出的几何公差值为零时，称为最小实体要求的零几何公差，零几何公差可视为最小实体要求的特例。此时，被测要素的最小实体实效边界等于最小实体边界，最小实体实效尺寸等于最小实体尺寸。

3）最小实体要求应用于基准要素

公差框格内基准符号后标注有Ⓛ，表示最小实体要求应用于基准要素。此时，基准要素应遵守相应的边界。若基准要素的实际轮廓偏离相应的边界，则允许基准要素在一定范围内浮动，其浮动范围等于基准要素的体内作用尺寸与相应边界尺寸之差。

国标规定：基准要素本身采用最小实体要求时，相应的边界为最小实体实效边界；基准要素本身不采用最小实体要求时，相应的边界为最小实体边界。

如图 2-60 所示，最小实体要求同时用于被测要素和基准要素。基准本身采用独立原则，边界为最小实体边界，边界尺寸为 $\phi 49.5$ mm。当基准实际轮廓偏离该尺寸时基准可以浮动，浮动范围为其体内作用尺寸与 $\phi 49.5$ mm 之差。

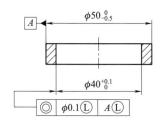

图 2-60　最小实体要求用于基准要素

4. 可逆要求

在不影响零件功能的前提下，当被测轴线或中心平面的几何误差值小于给出的几何公差值时，允许相应的尺寸公差增大，即可以实现几何公差向尺寸公差的转化。这样的公差原则称为可逆要求，它通常与最大实体要求或最小实体要求一起使用，表示方法是在Ⓜ或Ⓛ后面加注Ⓡ。

如图 2-61 所示，当可逆要求用于最大实体要求时，除了具有最大实体要求用于被测要素时的含义外，还表示当几何公差小于给定的公差值时，允许实际尺寸超出最大实体尺寸，最大超出量为几何公差的给定值，此时几何误差为零。其动态公差图如图 2-61（b）所示。

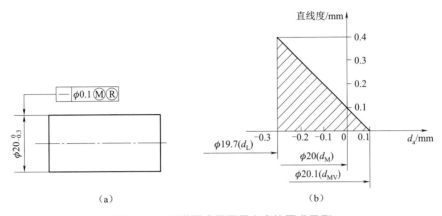

图 2-61 可逆要求用于最大实体要求示例

如图 2-62 所示，可逆要求用于最小实体要求时，除了具有最小实体要求用于被测要素时的含义外，还表示当几何误差小于给定的公差值时，允许实际尺寸超出最小实体尺寸，最大超出量为几何公差的给定值，此时几何误差为零。其动态公差图如图 2-62（b）所示。

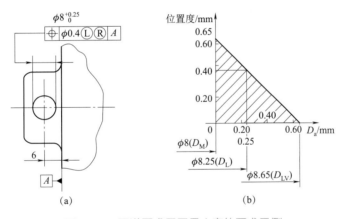

图 2-62 可逆要求用于最小实体要求示例

知识点 4 几何公差的选择

对于注出几何公差，需要正确选择公差特征项目及基准要素、公差原则、几何公差数值（公差等级）等。

1. 几何公差项目的选择和基准要素的选择

1）几何公差项目的选择

几何公差项目的选择应综合分析零件的形体结构特征、功能要求、检测方便及经济性等多方面的因素。

（1）零件的形体结构特征：零件本身的形体结构特征，决定了它可能要求的公差项目。如对圆柱形零件一般会选择圆柱度；轴线、素线会选直线度；平面零件会选平面度；槽类零件会选对称度；阶梯轴或孔类零件会选同轴度；凸轮类零件会选轮廓度等。

（2）零件的功能要求：可供选择的公差项目没有必要全部注出，需要分析零件各部位的不同功能要求，确定适当的形位公差项目。如对安装齿轮轴的机床箱体孔，为保证齿轮的正确啮合，需要提出两孔轴线的平行度要求；为保证机床工作台或刀架运动轨迹的精度，需要对导轨提出直线度和平面度要求；对有着相对运动关系的孔、轴（如柱塞与柱塞套），需要标注圆柱度。

（3）检测的方便与经济性：在满足零件功能要求的前提下，应充分考虑几何公差项目检测的方便与经济性。例如，对轴类零件可用检测方便的跳动公差综合控制圆柱度、同轴度及端面对轴线的垂直度。

此外，几何公差项目的选择还要考虑工厂、车间现有的检测条件，同时还应参照有关专业标准的规定等。

2）基准的选择

基准的选择主要根据零件在机器上的安装位置、作用、结构特点以及加工和检测要求来考虑。根据需要，可采用单一基准、公共基准和三基面体系，基准要素通常应具有较高的形状精度，其长度、面积、刚度均较大。基准要素一般应是零件在机器上的安装基准或工作基准。

2. 公差原则的选择

1）独立原则的选用

独立原则是尺寸公差与形位公差相互关系遵循的基本原则，主要应用于以下几个方面：

（1）尺寸精度和形位精度要求都较高，且需要分别满足要求的部位。如齿轮箱体孔，为保证与轴承的配合性质和齿轮间的正确啮合，要分别保证孔的尺寸精度和轴线平行度。

（2）尺寸精度和形位精度要求相差太大的场合。如印刷机的辊筒、轧钢机的轧辊，圆柱度要求较高，尺寸精度要求低；平板的平面度要求高而尺寸精度要求较低。

（3）用于保证运动精度和密封性的场合。如导轨的直线度要求严格，而尺寸精度要求不高；气缸套内孔为保证与活塞环在直径方向的密封性，对其圆度或圆柱度公差要求高。

此外，对于未注尺寸公差，没有配合要求的退刀槽、倒角等结构尺寸等，也采用独立原则。

2）相关要求的选用

（1）包容要求：主要用于需要严格保证配合性质的圆柱表面或两平行表面组成的单一要素。如孔 $\phi20H7$Ⓔ和轴 $\phi20h6$Ⓔ之间的配合，应用包容要求可以保证其配合的最小间隙为零。

（2）最大实体要求：最大实体要求适用于中心要素，可用于被测要素或基准要素，主要用于保证零件的装配互换性。

（3）最小实体要求：最小实体要求主要用于保证零件强度和最小壁厚等场合。

（4）可逆要求：可逆要求与最大（或最小）实体要求联用，能充分利用公差范围，扩大了要素实际尺寸的取值范围。可逆要求一般在不影响零件功能要求的场合均可选用。

3. 几何公差值（或公差等级）的选择

几何公差值主要根据被测要素的功能要求和加工经济性等来选择，在零件图上，被测要素的几何精度要求有两种表示方法：一种是用几何公差框格的形式单独注出几何公差值；另一种是按 GB/T 1184—1996 的规定，统一给出未注几何公差（在技术要求中用文字说明）。

1）注出几何公差的规定

国家标准对 14 个几何公差项目中除线、面轮廓度和位置度以外的 11 项，用公差等级数字的大小来表示形位精度的高低，一般划分为 12 级，即 1～12 级，精度依次降低（仅圆度和圆柱度划分为 13 级），如表 2-11～表 2-14 所示。对于线、面轮廓度、位置度公差值也用文字说明了其参照的依据和对应的公差值。

表 2-11　直线度、平面度公差值（摘自 GB/T 1184—1996）

μm

主参数 L/mm	公差等级											
	1	2	3	4	5	6	7	8	9	10	11	12
≤10	0.2	0.4	0.8	1.2	2	3	5	8	12	20	30	60
>10～16	0.25	0.5	1	1.5	2.5	4	6	10	15	25	40	80
>16～25	0.3	0.6	1.2	2	3	5	8	12	20	30	50	100
>25～40	0.4	0.8	1.5	2.5	4	6	10	15	25	40	60	120
>40～63	0.5	1	2	3	5	8	12	20	30	50	80	150
>63～100	0.6	1.2	2.5	4	6	10	15	25	40	60	100	200
>100～160	0.8	1.5	3	5	8	12	20	30	50	80	120	250
>160～250	1	2	4	6	10	15	25	40	60	100	150	300

注：主参数 L 是轴、直线、平面的长度。

表 2-12　圆度、圆柱度公差值（摘自 GB/T 1184—1996）

μm

主参数 d (D) /mm	公差等级												
	0	1	2	3	4	5	6	7	8	9	10	11	12
≤3	0.1	0.2	0.3	0.5	0.8	1.2	2	3	4	6	10	14	25
>3～6	0.1	0.2	0.4	0.6	1	1.5	2.5	4	5	8	12	18	30
>6～10	0.12	0.25	0.4	0.6	1	1.5	2.5	4	6	9	15	22	36
>10～18	0.15	0.25	0.5	0.8	1.2	2	3	5	8	11	18	27	43
>18～30	0.2	0.3	0.6	1	1.5	2.5	4	6	9	13	21	33	52
>30～50	0.25	0.4	0.6	1	1.5	2.5	4	7	11	16	25	39	62
>50～80	0.3	0.5	0.8	1.2	2	3	5	8	13	19	30	46	74

注：主参数 d (D) 是轴（孔）的直径。

表 2-13　平行度、垂直度、倾斜度公差值（摘自 GB/T 1184—1996）

μm

主参数 L、 d（D）/mm	公差等级											
	1	2	3	4	5	6	7	8	9	10	11	12
≤10	0.4	0.8	1.5	3	5	8	12	20	30	50	80	120
>10~16	0.5	1	2	4	6	10	15	25	40	60	100	150
>16~25	0.6	1.2	2.5	5	8	12	20	30	50	80	120	200
>25~40	0.8	1.5	3	6	10	15	25	40	60	100	150	250
>40~63	1	2	4	8	12	20	30	50	80	120	200	300
>63~100	1.2	2.5	5	10	15	25	40	60	100	150	250	400
>100~160	1.5	3	6	12	20	30	50	80	120	200	300	500
>160~250	2	4	8	15	25	40	60	100	150	250	400	600

注：1. 主参数 L 为给定平行度时轴线或平面的长度，或给定垂直度、倾斜度时被测要素的长度；

　　2. 主参数 d（D）为给定面对线垂直度时被测要素的直径。

表 2-14　同轴度、对称度、圆跳动和全跳动公差值（摘自 GB/T 1184—1996）

μm

主参数 d（D）、 L、B/mm	公差等级											
	1	2	3	4	5	6	7	8	9	10	11	12
≤1	0.4	0.6	1.0	1.5	2.5	4	6	10	15	25	40	60
>1~3	0.4	0.6	1.0	1.5	2.5	4	6	10	20	40	60	120
>3~6	0.5	0.8	1.2	2	3	5	8	12	25	50	80	150
>6~10	0.6	1	1.5	2.5	4	6	10	15	30	60	100	200
>10~18	0.8	1.2	2	3	5	8	12	20	40	80	120	250
>18~30	1	1.5	2.5	4	6	10	15	25	50	100	150	300
>30~50	1.2	2	3	5	8	12	20	30	60	120	200	400
>50~120	1.5	2.5	4	6	10	15	25	40	80	150	250	500

　　几何公差值（或公差等级）的选择原则是在满足零件使用要求的前提下，选择最大、最经济的公差值，即公差等级尽可能低的公差值。确定几何公差值的方法有类比法、计算法和经验法，其中类比法用得较多。部分几何公差等级的应用举例见表 2-15~表 2-18，供选择时参考。

表 2-15　直线度和平面度公差等级应用举例

公差等级	应用举例
5	用于 1 级平板，2 级宽平尺，平面磨床纵导轨、垂直导轨、立柱导轨及工作台，液压龙门刨床和转塔车床床身导轨，柴油机进、排气门导杆等

续表

公差等级	应用举例
6	普通车床、龙门刨床、滚齿机、自动车床等的床身导轨及工作台，柴油机机体上部接合面等
7	2 级平板，机床主轴箱、摇臂钻床底座及工作台，镗床工作台，液压泵盖，减速器壳体接合面等
8	机床传动箱体，挂轮箱体，车床溜板箱体，柴油机气缸体，连杆分离面，气缸盖，汽车发动机缸盖，曲轴箱接合面，液压管件和法兰连接面
9	3 级平板，自动车床床身底面，摩托车曲轴箱体，汽车变速器壳体，手动机械的支承面

表 2-16　圆度和圆柱度公差等级应用举例

公差等级	应用举例
5	一般计量仪器主轴，测杆外圆柱面，陀螺仪轴颈，一般机床主轴轴颈及主轴轴承孔，柴油机、汽油机活塞、活塞销，与 E 级滚动轴承配合的轴颈
6	仪表端盖外圆柱面，一般机床主轴及前轴承孔，泵、压缩机的活塞，气缸，汽油发动机凸轮轴，纺织锭子，减速器传动轴轴颈，高速船用柴油机、拖拉机曲轴主轴颈，与 E 级滚动轴承配合的外壳孔，与 G 级滚动轴承配合的轴颈
7	大功率低速柴油机曲轴轴颈、活塞、活塞销、连杆、气缸，高速柴油机箱体轴承孔，千斤顶或压力油缸活塞，机车传动轴，水泵及通用减速器转轴轴颈，与 G 级滚动轴承配合的外壳孔
8	低速发动机、大功率曲柄轴轴颈，压气机连杆盖，拖拉机气缸、活塞，炼胶机冷铸轴辊，印刷机传墨辊，内燃机曲轴轴颈，柴油机凸轮轴承孔，凸轮轴，拖拉机、小型船用柴油机气缸套等
9	空气压缩机缸体，滚压传动筒，通用机械杠杆与拉杆用套筒销子，拖拉机活塞环、套筒孔

表 2-17　平行度、垂直度和倾斜度公差等级应用举例

公差等级	应用举例
4，5	卧式车床导轨，重要支承面，机床主轴孔对基准的平行度，精密机床重要零件，计量仪器、量具、模具的基准面和工作面，主轴箱体重要孔，通用减速器壳体孔，齿轮泵的油孔端面，发动机轴和离合器的凸缘，气缸支承端面，安装精密滚动轴承壳体孔的凸肩
6，7，8	一般机床基准面和工作面，压力机和锻锤的工作面，中等精度钻模的工作面，机床一般轴承孔对基准面的平行度，变速箱箱体孔，主轴花键对定心直径部位轴线的平行度，重型机械轴承盖端面，卷扬机、手动传动装置中的传动轴，一般导轨，主轴箱体孔，刀架，砂轮架，气缸配合面对轴线、活塞销孔对活塞中心线的垂直度，滚动轴承内、外圈端面对轴线的垂直度

续表

公差等级	应用举例
9, 10	低精度零件，重型机械滚动轴承端盖，柴油机、煤气发动机箱体曲轴孔、曲轴颈、花键轴和轴肩端面，皮带运输机法兰盘等端面对轴线的垂直度，手动卷扬机及传动装置中的轴承端面、减速器壳体平面

表 2-18　同轴度、对称度、圆跳动和全跳动公差等级应用举例

公差等级	应用举例
5, 6, 7	这是应用范围较广的公差等级，用于形位精度要求较高、尺寸公差等级为 IT8 的零件。5 级常用于机床轴颈、计量仪器的测量杆、汽轮机主轴、柱塞油泵转子、高精度滚动轴承外圈、一般精度滚动轴承内圈、回转工作台端面圆跳动。7 级用于内燃机曲轴、凸轮轴、齿轮轴、水泵轴、汽车后轮输出轴，电动机转子，印刷机传墨辊的轴颈，键槽
8, 9	常用于形位精度要求一般，尺寸公差等级为 IT9～IT11 的零件。8 级用于拖拉机发动机分配轴轴颈、与 9 级精度以下齿轮相配的轴、水泵叶轮、离心泵体、棉花精梳机前后滚子、键槽等。9 级用于内燃机气缸套配合面、自行车中轴

2）未注几何公差的规定

国标 GB/T 1184—1996 将未注公差划分为 H、K、L 三个公差等级，其中，H 级最高、L 级最低。各项目的未注公差值如表 2-19～表 2-22 所示，采用规定的未注公差值时，应在标题栏附近或技术要求中注出标准号及公差等级代号。未注几何公差按 GB/T 1184—K 标注。

表 2-19　直线度和平面度的未注公差值

mm

公差等级	≤10	>10～30	>30～100	>100～300	>300～1 000	>1 000～3 000
H	0.02	0.05	0.1	0.2	0.3	0.4
K	0.05	0.1	0.2	0.4	0.6	0.8
L	0.1	0.2	0.4	0.8	1.2	1.6

表 2-20　垂直度的未注公差值

mm

公差等级	基本长度范围			
	≤100	>100～300	>300～1 000	>1 000～3 000
H	0.2	0.3	0.4	0.5
K	0.4	0.6	0.8	1
L	0.6	1	1.5	2

表 2-21　对称度的未注公差值

mm

公差等级	基本长度范围			
	≤100	>100~300	>300~1 000	>1 000~3 000
H	0.5			
K	0.6		0.8	1
L	0.6	1	1.5	2

表 2-22　圆跳动的未注公差值

mm

公差等级	圆跳动的公差值
H	0.1
K	0.2
L	0.5

知识点 5　工作量规设计

1. 实验目的

（1）了解光滑极限量规的工作原理及应用场合。

（2）掌握用量规检验工件的方法。

2. 实验内容

（1）用塞规检验减速器齿轮的 $\phi58H7$Ⓔ基准孔。

（2）用卡规检验减速器齿轮轴 $\phi40k6$Ⓔ轴颈。

3. 量规的制作原理和使用方法

光滑极限量规分为塞规和卡规，是一种没有刻度的专用量具。两种量规都有通规（打"T"）和止规（打"Z"）之分，在用的时候都是成对使用的。

1）塞规

塞规是用来检验内孔及其他内尺寸的量具。图 2-63 所示为双头塞规，一头是通规，另一头是止规。其通规是以最大实体尺寸制作的，止规是以最小实体尺寸制作的，在检验内孔时："通规通、止规止"，即通规能够完全通过，止规不能通过才能判断该孔是合格的；若通规通过，止规也通过，说明孔大了，应该判为不合格品中的废品；若通规通不过，止规也通不过，说明孔小了，还可以继续加工，应该判为不合格品中的次品。

图 2-63　双头塞规

2）卡规

卡规是用来检验轴颈及其他外尺寸的量具。图 2-64 所示为一个双头卡规，一头是通规，另一头是止规。其通规是以最大实体尺寸制作的，止规是以最小实体尺寸制作的，在检验时，把卡规卡在轴颈上："通规通、止规止"，即通规能卡过去，止规卡不过去，才能判断该轴是合格的；若卡规的通规和止规都能卡过去，说明轴颈小了，应该判为不合格品中的废品；若卡规的通规卡不过去，说明轴颈大了，还可以继续加工，应该判为不合格品中的次品。

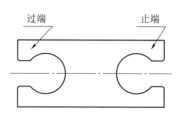

图 2-64　双头卡规

4. 量规尺寸设计的相关知识点

1）量规的分类

量规按其用途不同分为工作量规、验收量规和校对量规。

（1）工作量规。工作量规是生产过程中操作者检验工件时所使用的量规。通规用代号"T"表示，止规用代号"Z"表示。

（2）验收量规。验收量规是验收工件时检验人员或用户代表所使用的量规。验收量规一般不需要另行制造，它是从磨损较多，但未超过磨损极限的工作量规中挑选出来的，验收量规的止规应接近工件的最小实体尺寸。这样，操作者用工作量规自检合格的工件，当检验员用验收量规验收时也一定合格。

量规的用途
与分类 1

（3）校对量规。校对量规是检验工作量规的量规。因为孔用工作量规便于用通用计量器具测量，故国标未规定校对量规，只对轴用工作量规规定了校对量规。

2）量规的设计原理

设计量规应遵守泰勒原则（极限尺寸判断原则），泰勒原则是指遵守包容要求的单一要素孔或轴的实际尺寸和几何误差综合形成的体外作用尺寸不允许超越最大实体尺寸，在孔或轴的任何位置上的实际尺寸不允许超越最小实体尺寸。

量规的设计
原理

符合泰勒原则的量规尺寸、形状要求如下：

（1）量规的尺寸要求。通规按最大实体尺寸制造，止规按最小实体尺寸制造。

（2）量规的形状要求。通规用来控制工件的体外作用尺寸，它的测量面应是与孔或轴形状相对应的完整表面（即全形量规），且测量长度等于配合长度。止规用来控制工件的实际尺寸，它的测量面应是点状的（即不全形量规），止规表面与被测件是点接触。

在量规的实际应用中，由于量规制造和使用方面的原因，要求量规形状完全符合泰勒原则会有困难，有时甚至不能实现，因而允许量规形式在一定条件下偏离泰勒原则。例如：为了采用标准量规，允许通规的长度短于工件的配合长度；检验曲轴轴颈的通规无法用全形的环规，而用卡规代替；对于尺寸大于 100 mm 的孔，全形塞规不便使用，允许用不全形塞规等。

但必须指出，在实际生产中，工件总存在形状误差，当量规形式不符合极限尺寸判断原则时，有可能将不合格的工件判为合格品，因此，应在保证被检验的孔、轴的形状误差不致影响配合性质的条件下，才允许使用偏离泰勒原则的量规。

3）量规公差带

量规虽然是一种精密的检验工具，它的制造精度要求比被检验工件高，但在制造时也不可避免地会产生误差，因此对量规也必须规定制造公差。

通规在使用过程中会经常通过工件而逐渐磨损，为了使通规具有一定的使用寿命，应留出适当的磨损储量，因此对通规应规定磨损极限，即将通规公差带从最大实体尺寸向工件公差带内缩一个距离；而止规通常不通过工件，所以不需要留磨损储量，故将止规公差带放在工件公差带内，紧靠最小实体尺寸处。校对量规也不需要留磨损储量。

工作量规的公差带。国家标准 GB/T 1957—2006 规定量规的公差带不得超越工件的公差带，这样有利于防止误收，保证产品的质量与互换性。但有时会把一些合格的工件检验成不合格，实质上缩小了工件公差的范围，提高了工件的制造精度。工作量规的公差带分布如图 2-65 所示，图中 T 为量规制造公差，Z 为位置要素（即通规制造公差带中心到工件最大实体尺寸之间的距离），T、Z 值取决于工件公差的大小。

国标规定的 T 值和 Z 值见表 2-23，通规的磨损极限尺寸等于工件的最大实体尺寸。

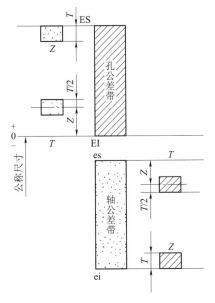

图 2-65　工作量规公差带

表 2-23　工作量规制造公差 *T* 和位置要素值 *Z*（摘自 GB/T 1957—2006）

μm

工件公称尺寸 D/mm	IT6			IT7			IT8			IT9			IT10			IT11		
	IT6	T	Z	IT7	T	Z	IT8	T	Z	IT9	T	Z	IT10	T	Z	IT11	T	Z
≤3	6	1	1	10	1.2	1.6	14	1.6	2	25	2	3	40	2.4	4	60	3	6
>3~6	8	1.2	1.4	12	1.4	2	18	2	2.6	30	2.4	4	48	3	5	75	4	8
>6~10	9	1.4	1.6	15	1.8	2.4	22	2.4	3.2	36	2.8	5	58	3.6	6	90	5	9
>10~18	11	1.6	2	18	2	2.8	27	2.8	4	43	3.4	6	70	4	8	110	6	11
>18~30	13	2	2.4	21	2.4	3.4	33	3.4	5	52	4	7	84	5	9	130	7	13
>30~50	16	2.4	2.8	25	3	4	39	4	6	62	5	8	100	6	11	160	8	16
>50~80	19	2.8	3.4	30	3.6	4.6	46	4.6	7	74	6	9	120	7	13	190	9	19
>80~120	22	3.2	3.8	35	4.2	5.4	54	5.4	8	87	7	10	140	8	15	220	10	22

4）工作量规尺寸设计

工作量规的设计就是根据工件图样上的要求，设计出能够把工件尺寸控制在允许公差范围内的适用量规。

（1）工作量规型式的选择。

选用量规结构形式时，必须考虑工件结构、大小、产量和检验效率等。量规形式及应用尺寸范围（GB/T 1957—2006）对此做了规定，如图 2-66 所示。

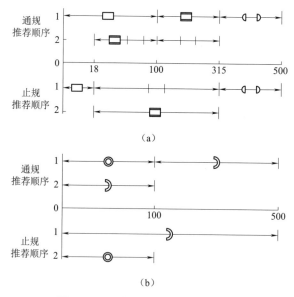

图 2-66　量规形式及应用尺寸范围
（a）孔用量规形式和应用尺寸范围；（b）轴用量规形式和应用尺寸范围

▭—全形塞规；◖D—球端杆规；▭—不全形塞规；

◎—环规；⊢⊣—片形塞规；◗—卡规；

（2）量规工作尺寸的计算。

①查出被检验工件的极限偏差。

②查出工作量规的制造公差 T 和位置要素 Z 值，并确定量规的几何公差。

③画出工件和量规的公差带图。

④计算量规的极限偏差。

（3）量规的技术要求。

①量规材料。

通常使用合金工具钢（如 CrMn、CrMnW、CrMoV）、碳素工具钢（如 T10A、T12A）、渗碳钢（如 15 钢、20 钢）及其他耐磨材料（如硬质合金），测量面硬度为 55~65 HRC，并经过稳定性处理。

②表面粗糙度。

量规表面不应有锈迹、毛刺、黑斑、划痕等明显影响外观和使用质量的缺陷，测量表面的表面粗糙度参数值见表 2-24。

表 2-24　量规测量面的表面粗糙度参数（摘自 GB/T 1957—2006）

工作量规	工件公称尺寸/mm		
	≤120	>120~315	>315~500
	$Ra/\mu m$		
IT6 级孔用量规	≤0.025	≤0.05	≤0.1
IT6~IT9 级轴用量规 IT7~IT9 级孔用量规	≤0.05	≤0.1	≤0.2
IT10~IT12 级孔、轴用量规	≤0.1	≤0.2	≤0.4
IT13~IT16 级孔、轴用量规	≤0.2	≤0.4	≤0.4

③几何公差。

国家标准（GB/T 1957—2006）规定量规工作部位的几何公差不大于尺寸公差的 50%，当量规的尺寸公差小于 0.002 mm 时，由于制造和测量都比较困难，故几何公差规定都取为 0.001 mm。

④其他要求。

在塞规和卡规的规定部位作尺寸标记，如"ϕ58H7"或"ϕ40k6"，并在通端标"T"，止端标"Z"。

5. 实验步骤

（1）检验 ϕ58H7Ⓔ基准孔的塞规及 ϕ40k6Ⓔ轴颈卡规的工作图，如图 2-67 和图 2-68 所示。

（2）将被测工件放置于测量平板上，以平板面作模拟基准。

（3）用塞规检验减速器齿轮基准孔 ϕ58H7Ⓔ。

（4）用卡规检验减速器轴颈 ϕ40k6Ⓔ。

（5）记录检验结果。

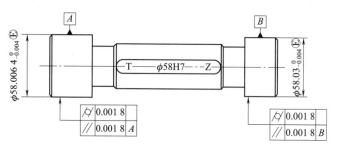

图 2-67　塞规工作图

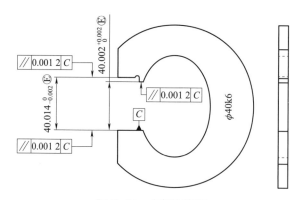

图 2-68　卡规工作图

项目三　表面粗糙度检测

任务　阶梯轴尺寸精度检测

任务引入

图 3-1 所示为企业正在生产的零件，从图纸中可以看出，所选零件均有表面粗糙度要求，需要在加工后对这些零件的表面粗糙度参数进行检测。

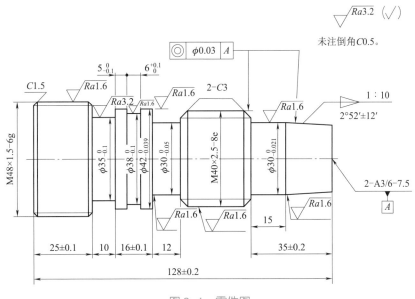

图 3-1　零件图

学习目标

（1）熟悉表面粗糙度知识。

（2）掌握表面粗糙度的定义和评定参数及对应标注。

（3）掌握表面粗糙度的标注方法。

（4）熟悉粗糙度样块的使用方法。

（5）熟悉电动轮廓仪与光切显微镜的结构、测量原理和使用方法。

155

（6）熟练掌握电动轮廓仪与光切显微镜的操作方法。

（7）能查阅国家相关计量标准，并能正确分析零件精度要求。

（8）能够依据测量任务选择测量器具，设计测量方案。

（9）能检测零件表面粗糙度误差，会进行测量数据的处理，并判别零件的合格性。

（10）培养科学态度、科学方法、科学精神及创新意识和实践能力。

任 务 分 组

学生任务分配表

班级		组号		指导教师	
组长		学号			
组员	姓名	学号		姓名	学号

获 取 信 息

引导问题 1：表面粗糙度概述

（1）简述表面粗糙度的概念。

_____

_____

（2）表面粗糙度与形状误差和表面波纹度误差有何区别？

_____

_____

（3）简述表面粗糙度对零件使用性能的影响。

_____

_____

引导问题 2：表面粗糙度评定

（1）简述表面粗糙度评定参数有哪些。

_____

_____

（2）取样长度和评定长度的关系是什么？

引导问题 3：表面粗糙度标注

（1）画出表面粗糙度基本图形符号。

（2）根据图 中各字母位置，写出各自所表示的内容。

（3）说明表面粗糙度符号 $\sqrt{0.008\sim0.8/Ra3.2}$ 表示的含义。

（4）说明在哪些情况下表面结构要求在图样中可简化标注。

引导问题 4：表面粗糙度的选择与测量

（1）表面粗糙度数值选择时应考虑哪些因素。

（2）简要表述表面粗糙度常用的测量方法和测量仪器。

（3）如图 3-2 所示零件各加工面均由去除材料方法获得，将下列要求标注在图样上。

①直径为 $\phi50$ mm 圆柱外表面粗糙度 Ra 的上限值为 3.2 μm。

②左端面表面粗糙度 Ra 的上限值为 1.6 μm。

③直径为 $\phi50$ mm 圆柱右端面表面粗糙度 Ra 的上限值为 3.2 μm。

④直径为 $\phi20$ mm 内孔表面粗糙度 Rz 的上限值为 0.8 μm，下限值为 0.4 μm。

⑤螺纹工作面表面粗糙度 Ra 的最大值为 1.6 μm，最小值为 0.8 μm。

⑥其余各加工面表面粗糙度 Ra 的上限值为 25 μm。

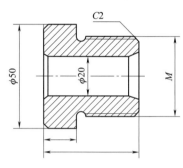

图 3-2　表面粗糙度的标注

引导问题 5：测量工件核心尺寸

（1）量仪规格及有关参数。

仪器名称		测量范围/μm	
被测零件表面粗糙度 Ra/μm		测量方式	

（2）数据记录与处理。

μm

测量 序号	实测 Ra	平均值
1		
2		
3		
4		

（3）合格性判断。

_____

_____

_____

_____

_____

评 价 反 馈

各组代表展示作品，介绍任务的完成过程。作品展示前应准备阐述材料，并完成评价表。

学生自评表

任务	完成情况记录
任务是否按计划时间完成	
相关理论完成情况	
技能训练情况	
任务完成情况	
任务创新情况	
材料上交情况	
收获	

学生互评表

序号	评价项目	小组互评	教师评价	点评
1				
2				
3				
4				
5				
6				

教师评价表

序号	评价项目	自我评价	互相评价	教师评价	综合评价
1	学习准备				
2	引导问题填写				
3	规范操作				
4	完成质量				
5	关键操作要领掌握				
6	完成速度				
7	参与讨论的主动性				
8	沟通协作				
9	展示汇报				

注：评价档次统一采用 A（优秀）、B（良好）、C（合格）、D（努力）4 个。

知识链接

知识点1 表面粗糙度概述

在机械加工的过程中，由于刀具和零件表面的摩擦、切削分离时表面金属层的塑性变形以及工艺系统的高频振动等因素，会使被加工零件表面产生微观高低不平的痕迹，即表面粗糙度。表面粗糙度对该机械零件的功能要求、使用寿命和美观程度等都具有重大影响。

表面粗糙度

为了提高产品质量，促进互换性生产，我国发布了一系列表面粗糙度标准：GB/T 3505—2009《产品几何技术规范（GPS）表面结构 轮廓法术语、定义及表面结构参数》、GB/T 1031—2009《产品几何技术规范（GPS）表面结构 轮廓法 粗糙度参数及其数值》、GB/T 131—2006《产品几何技术规范（GPS）技术产品文件中表面结构的表示法》、GB/T 10610—2009《产品几何技术规范（GPS）表面结构 轮廓法 粗糙度参数及其数值》等。

1. 表面粗糙度的定义

无论是机械加工还是用其他方法加工获得的零件表面，总存在较小间距和峰谷组成的微观高低不平的痕迹，把零件微观高低不平的程度称为表面粗糙度，如图3-3所示。

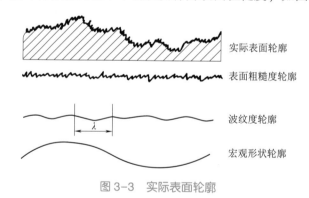

图3-3 实际表面轮廓

对于一完工零件表面的实际轮廓，除包含表面粗糙度外，还存在着表面波纹度误差和宏观形状误差。对于这三者，通常按相邻两波峰或两波谷的波距（间距）来划分，波距值小于1 mm的属于表面粗糙度，波距值介于1~10 mm的属于表面波纹度误差，波距值大于10 mm的属于形状误差。

2. 表面粗糙度对零件性能的影响

1）对配合性质的影响

对间隙配合而言，表面容易磨损使实际间隙扩大，改变了配合性质；对过盈配合而言，孔轴在压入装配时会把粗糙表面凸峰挤平，减小实际有效过盈，降低连接强度。

表面粗糙度对
零件性能的影响

2）对耐磨性的影响

相互接触的表面由于存在几何形状误差，故只能在轮廓峰顶处接触，实际有效接触面积减小，导致单位面积上压力增大，表面磨损加剧。

3）对抗腐蚀性的影响

表面越粗糙，则积聚在零件表面上的腐蚀性气体和液体也越多，并通过微观凹谷向零件表面层渗透，使腐蚀加剧。

4）对强度的影响

零件表面越粗糙，则对应力集中越敏感，特别是在交变载荷的作用下，影响更大。

此外，表面粗糙度对接合面的密封性和零件的外观等也有一定的影响。因此为保证零件的使用性能和互换性，在设计零件几何精度时必须提出合理的表面粗糙度要求。

知识点 2　表面粗糙度的评定

零件加工后的表面粗糙度轮廓是否符合要求，应由测量和评定它的结果来确定。测量和评定表面粗糙度轮廓时，应规定取样长度、评定长度、中线和评定参数。

表面粗糙度
的评定

1. 主要术语及定义

1）取样长度（l_r）

用于判别具有表面粗糙度特征的一段基本长度（x 轴向），代号为 l_r。规定取样长度是为了限制和减弱形状误差，特别是表面波纹度对表面粗糙度轮廓测量的影响。在测量时，x 轴的方向与轮廓总的走向一致，一般应包括至少 5 个轮廓峰和轮廓谷，如图 3-4 所示。表面越粗糙，则取样长度 l_r 就应越大。

2）评定长度（l_n）

评定长度是用于判别被评定轮廓的 x 轴方向上的长度，它可以包括一个或多个取样长度，如图 3-4 所示。由于零件表面加工的不均匀性，故在一个取样长度上往往不能合理地反映该表面的表面粗糙度特征，为了较客观地反映出表面粗糙度的全貌，需要在表面上取几个连续取样长度（即一个评定长度），一般 $l_n = 5l_r$。取样长度和评定长度的数值见表 3-1。

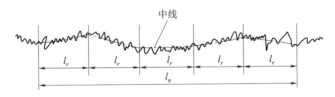

图 3-4　取样长度和评定长度的数值

表 3-1　l_r 和 l_n 的数值（摘自 GB/T 1031—2009）

$Ra/\mu m$	$Rz/\mu m$	l_r/mm	l_n/mm
≥0.008~0.02	≥0.025~0.10	0.08	0.4
>0.02~0.1	>0.10~0.50	0.25	1.25
>0.1~2.0	>0.50~10.0	0.8	4.0
>2.0~10.0	>10.0~50.0	2.5	12.5
>10.0~80.0	>50.0~320	8.0	40.0

3）轮廓中线（m）

轮廓中线是具有几何轮廓形状并划分轮廓的基准线，以中线为基础来计算各种评定参数的数值。轮廓中线常有以下两种：

（1）轮廓的最小二乘中线。

轮廓的最小二乘中线如图3-5所示。在一个取样长度 l_r 范围内，最小二乘中线使轮廓上各点至该线的距离的平方和为最小，即 $\int_0^{l_r} Z^2 \mathrm{d}x = \min$。用最小二乘法确定的中线是唯一的，但比较复杂，实际中常用轮廓算术平均中线来代替。

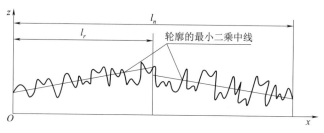

图3-5　轮廓的最小二乘中线

（2）轮廓的算术平均中线。

轮廓的算术平均中线如图3-6所示。在一个取样长度 l_r 范围内，算术平均中线与轮廓走向一致，并划分轮廓为上、下两部分，使上部分的各个面积之和等于下部分的各个面积之和，即 $\sum_{i=1}^{n} F_i = \sum_{i=1}^{n} F_i'$。轮廓的算术中线往往不是唯一的，在一族的算术平均中线中只有一条与最小二乘中线重合，在实际评定和测量表面粗糙度时使用图解法时，可用算术平均中线代替最小二乘中线。

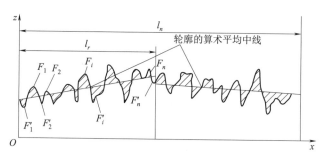

图3-6　轮廓的算术平均中线

2. 评定参数

为了定量地评定表面粗糙度轮廓，必须用参数及其数值来表示表面粗糙度轮廓特征，而在评定时，通常采用幅度参数、间距参数和形状特征参数。

1）幅度参数

（1）轮廓算术平均偏差（Ra）。

轮廓算术平均偏差是指在一个取样长度 l_r 内，轮廓偏距 $Z(x)$ 绝对值的算术平均值，

用符号 Ra 表示，如图 3-7 所示，用公式表示为

$$Ra = \frac{1}{l_r} \int_0^{l_r} |Z(x)| \, dx \qquad (3-1)$$

或近似表示为

$$Ra = \frac{1}{n} \sum_{i=1}^{n} |Z(x_i)| \qquad (3-2)$$

图 3-7　轮廓算术平均偏差

（2）轮廓最大高度（Rz）。

轮廓最大高度是指在一个取样长度 l_r 内，轮廓峰顶线和轮廓谷底线之间的距离，用符号 Rz 表示，如图 3-8 所示，用公式表示为

$$Rz = Rp + Rv$$

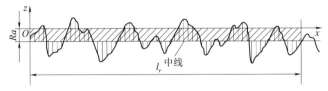

图 3-8　轮廓最大高度

2）间距特征参数——轮廓单元的平均宽度

参看图 3-9，一个轮廓峰与相邻的轮廓谷的组合叫作轮廓单元，在一个取样长度 l_r 范围内，中线与各个轮廓单元相交线段的长度叫作轮廓单元的宽度，用符号 X_{si} 表示。

轮廓单元的平均宽度是指在一个取样长度 l_r 范围内所有轮廓单元的宽度 X_{si} 的平均值，用符号 R_{sm} 表示，即

$$R_{sm} = \frac{1}{m} \sum_{i=1}^{m} X_{si} \qquad (3-3)$$

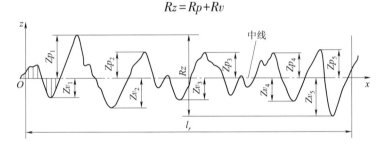

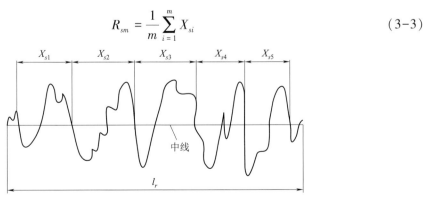

图 3-9　轮廓单元宽度

3）形状特征参数

轮廓支承长度率（$R_{mr}(c)$）：在给定水平位置 c 上，轮廓的实体材料长度 $Ml(c)$ 与评定长度 l_n 的比率，用公式表示为

$$R_{mr}(c) = \frac{Ml(c)}{l_n} = \frac{1}{l_n} \sum_{i=1}^{n} bi \qquad (3-4)$$

轮廓的实体材料长度 $Ml(c)$，是指评定长度内，一平行于 x 轴的直线从峰顶线向下移一水平截距 c 时，与轮廓相截所得各段截线长度之和。

$R_{mr}(c)$ 值是对应于不同水平截距 c 而给出的。水平截距 c 是从峰顶开始计算的，它可以用 μm 或 Rz 的百分数表示。如图 3-10 所示，给出 $R_{mr}(c)$ 参数时，必须同时给出轮廓水平截距 c 值。

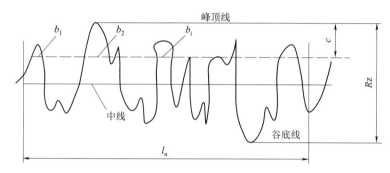

图 3-10　轮廓支承长度率

知识点 3　表面粗糙度的标注

为了把表面粗糙度的要求正确地标注在零件图上，国家标准 GB/T 131—1993 对表面粗糙度的符号、代号及其标注做了规定。

1. 表面粗糙度符号

表面粗糙度基本符号的画法如图 3-11 所示，表面粗糙度的符号及意义见表 3-2。

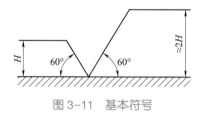

图 3-11　基本符号

表面粗糙度
的标注

表 3-2　表面粗糙度的符号及意义（摘自 GB/T 131—2006）

符号	意义及说明
√	基本符号，表示表面可用任何加工方法获得。当不加注粗糙度参数值或有关说明（例如：表面处理、局部热处理状况等）时，仅适用于简化代号标注

续表

符号	意义及说明
∨	基本符号加一短划，表示表面是用去除材料的方法获得。例如：车、铣、钻、磨、剪切、抛光、腐蚀、电火花加工、气割等
∨	基本符号加一小圆，表示表面是用不去除材料的方法获得。例如：铸、锻、冲压变形、热轧、冷轧、粉末冶金等；或者是用于保持原供应状况的表面（保持上道工序的状况）
∨∨∨	在上述三个符号上均可加一小圆，表示所有表面具有相同的表面粗糙度要求

2. 表面粗糙度代号

由表面粗糙度符号及其他表面特征要求的标注，组成了表面粗糙度的代号。表面特征各项规定在基本符号中注写的位置如图 3-12 所示。

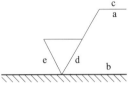

图 3-12　表面粗糙度的代（符）号标注位置

图 3-12 中各符号表示：

a——表面粗糙度幅度参数允许值（μm），如上、下限值符号、传输带数值/幅度参数符号、评定长度值、极限值判断规则（空格）、幅度参数极限值（μm）；

b——附加评定参数（如 Rsm，mm）；

c——加工方法；

d——加工纹理方向符号；

e——加工余量（mm）；

1）幅度参数的标注

表面粗糙度幅度参数的标注及其意义见表 3-3。当选用幅度参数 Ra 时，只需在代号中标出其参数，参数值前可不标参数代号；当选用 Rz 时，参数代号和参数值均应标出。

2）间距、形状特征参数的标注

表面粗糙度间距、形状特征参数 Rsm 或 Rmr（c）应标注在符号长边的横线下面，数值写在相应代号的后面。图 3-13 给出了附加评定参数的标注示例。其中：图 3-13（a）所示为 Rsm 上限值的标注；图 3-13（b）所示为 Rsm 最大值的标注；图 3-13（c）所示为 Rmr（c）的标注，Rmr（c）的下限值为 70%，水平位置 c 在 Rz 的 50% 位置上；图 3-13（d）所示为 Rmr（c）最小值的标注。

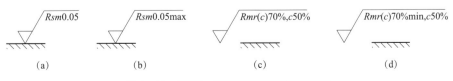

$Rsm0.05$	$Rsm0.05$max	$Rmr(c)70\%,c50\%$	$Rmr(c)70\%$min,$c50\%$
(a)	(b)	(c)	(d)

图 3-13　间距、形状特征参数标注示例

3) 表面粗糙度其他要求的标注

如果未按照国家标准推荐值选取取样长度，则非标准的取样长度应标注在符号长边的横线下方，如图 3-14 (a) 所示，标注取样长度为 2.5 mm。

表 3-3　表面粗糙度幅度参数标注及其意义

代号	意义	代号	意义
$\sqrt{}$ $Ra3.2$	用任何方法获得的表面，Ra 的上限值为 3.2 μm	$\sqrt{}$ $Ra\,max3.2$	用任何方法获得的表面，Ra 的最大值为 3.2 μm
$\sqrt{}$ $Ra3.2$	用去除材料方法获得的表面，Ra 的上限值为 3.2 μm	$\sqrt{}$ $Ra\,max3.2$	用去除材料方法获得的表面，Ra 的最大值为 3.2 μm
$\sqrt{}$ $Ra3.2$	用不去除材料方法获得的表面，Ra 的上限值为 3.2 μm	$\sqrt{}$ $Ra\,max3.2$	用不去除材料方法获得的表面，Ra 的最大值为 3.2 μm
$\sqrt{}$ $Ra3.2$ $Ra1.6$	用去除材料方法获得的表面，Ra 的上限值为 3.2 μm，Ra 的下限值为 1.6 μm	$\sqrt{}$ $Ra\,max3.2$ $Ra\,min1.6$	用去除材料方法获得的表面，Ra 的最大值为 3.2 μm，Ra 的最小值为 1.6 μm
$\sqrt{}$ $Rz3.2$	用去除材料方法获得的表面，Rz 的上限值为 3.2 μm	$\sqrt{}$ $Rz\,max3.2$	用任何方法获得的表面，Rz 的最大值为 3.2 μm
$\sqrt{}$ $Rz3.2$ $Rz1.6$	用去除材料方法获得的表面，Rz 的上限值为 3.2 μm，Rz 的下限值为 1.6 μm	$\sqrt{}$ $Rz\,max3.2$ $Rz\,min1.6$	用去除材料方法获得的表面，Rz 的最大值为 3.2 μm，Rz 的最小值为 1.6 μm

注：表面粗糙度参数的"上限值"（或"下限值"）和"最大值"（或"最小值"）的含义是不同的。"上限值"（或"下限值"）表示表面粗糙度参数的所有实测值中允许 16% 测得值超过规定值；"最大值"（或"最小值"）表示所有实测值不得超过规定值。

若某表面粗糙度要求由指定的加工方法得到时，可用文字标注在符号长边的横线上面，如图 3-14 (b) 所示。

若需标注加工余量，则可在规定之处加注余量值，如图 3-14 (c) 所示。

若需要控制表面加工纹理方向，则可在符号的右边加注加工纹理方向符号，如图 3-14 (d) 所示。国家标准规定了常见的加工纹理方向符号，如表 3-4 所示。

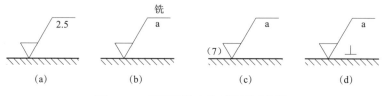

图 3-14　表面粗糙度的其他要求标注

表 3-4　常用加工纹理符号及说明

符号	说明	示意图
=	纹理平行于标注代号的视图的投影面	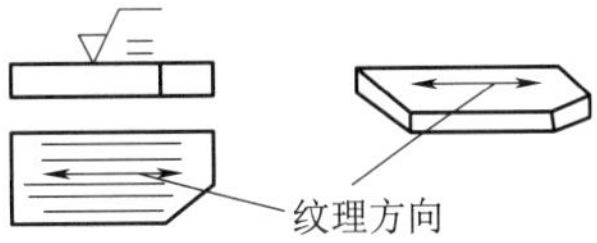
⊥	纹理垂直于标注代号的视图的投影面	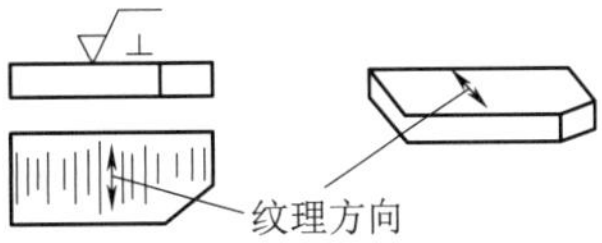
X	纹理呈两相交的方向	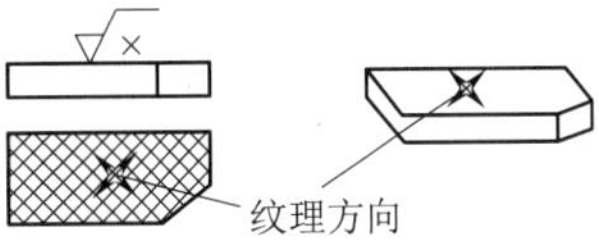
M	纹理呈多方向	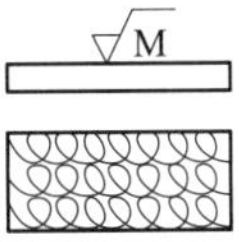
C	纹理呈近似同心圆	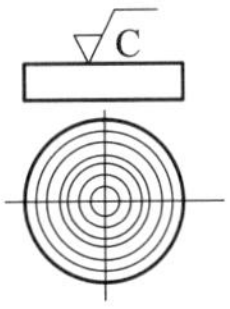
R	纹理呈近似放射形	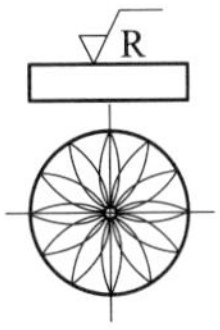
P	纹理无方向或凸起的细粒状	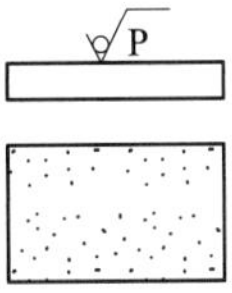

3. 表面粗糙度在图样上标注时的注意事项

（1）表面粗糙度符号、代号一般标注在可见轮廓线、尺寸界线、引出线或它们的延长线上。

（2）符号的尖端必须从材料外指向被注表面。

（3）表面粗糙度代号中的数字书写方向必须按机械制图中尺寸标注的规定。

（4）表面粗糙度的"其余"代号标注在图样的右上角。

具体标注如图 3-15（a）和图 3-15（b）表面粗糙度在图样上的标注示例。

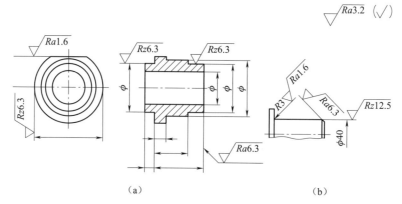

图 3-15　表面粗糙度在图样上的标注示例

知识点 4　表面粗糙度参数的选择

1. 表面粗糙度技术要求的内容

规定表面粗糙度轮廓的技术要求时，必须给出表面粗糙度轮廓幅度参数及其允许值和测量时的取样长度值这两项基本要求，必要时可规定轮廓其他的评定参数、表面加工纹理方向、加工方法或加工余量等附加要求。如果采用标准取样长度，则在图样上可以省略标注取样长度值。

表面粗糙度
的参数选择

2. 表面粗糙度评定参数的选择

在机械零件精度设计中，通常只给出幅度参数 Ra 或 Rz 及其允许值，根据功能需要，可附加选用间距参数或其他的评定参数及相应的允许值。

评定参数 Ra 能最全面、最客观地反映表面微观几何形状的特征，而且 Ra 用触针式电动轮廓仪测量，其方法比较简单，能连续测量，且测量的效率高。因此，在常用的参数值范围内（Ra 为 $0.025 \sim 6.3$ μm，Rz 为 $0.100 \sim 25$ μm），标准推荐优先选用 Ra。但该轮廓仪因受触针的限制，不宜对过于粗糙或太光滑的表面进行测量。但对于被测零件表面不允许出现较深加工痕迹和承受交变应力作用的表面，则采用 Rz 作为评定参数。Rz 概念简单，测量简便。

3. 表面粗糙度评定参数值的选择

表面粗糙度评定参数值的选择，不但与零件的使用性能有关，还与零件的制造及经济性有关。表面粗糙度幅度参数值总的选择原则是：在满足零件表面功能要求的前提下，参数的允许值尽可能大，以减小加工难度，降低生产成本。

在实际应用中，由于表面粗糙度与零件的功能关系十分复杂，很难全面而精细地按零件表面功能要求来准确地确定表面粗糙度评定参数值，所以多采用类比法确定零件表面的评定参数值。采用类比法确定表面粗糙度评定参数值的一般原则如下：

（1）在同一零件上，工作表面的粗糙度参数值应比非工作表面小。

（2）摩擦表面比非摩擦表面、滚动摩擦表面比滑动摩擦表面的表面粗糙度参数值小。

（3）相对运动速度高、单位面积压力大、受交变应力作用的零件表面，以及最易产生应力集中的部位（如圆角、沟槽等），表面粗糙度值应小。

（4）对于要求配合性质稳定的小间隙配合和承受重载荷的过盈配合表面，它们的表面粗糙度参数值应小些。

（5）表面粗糙度参数值应与尺寸公差及形位公差协调。一般来说，尺寸公差和形位公差小的表面，其粗糙度数值也应小，在设计时可参考表 3-5 所列的比例关系来确定。

表 3-5 表面粗糙度参数值与尺寸公差值、形状公差值的一般关系

%

形状公差 t 占尺寸公差 T 的百分比 t/T	表面粗糙度参数值占尺寸公差的百分比	
	Ra/T	Rz/T
约 60	≤5	≤30
约 40	≤2.5	≤15
约 25	≤1.2	≤7

（6）对于防腐蚀、密封性要求高的表面以及要求外表美观的表面，其粗糙度数值应小些。此外，还应考虑其他一些特殊因素和要求。表 3-6 所示为其应用举例，可供参考。

表 3-6 表面粗糙度的表面特征、经济加工方法及应用举例

表面微观特性		$Ra/\mu m$	加工方法	应用举例
粗糙表面	微见刀痕	≤20	粗车、粗刨、粗铣、钻、毛锉、锯断	半成品粗加工过的表面，非配合的加工表面，如轴端面、倒角、钻孔、齿轮及皮带轮侧面、键槽底面、垫圈接触面等
半光表面	微见加工痕迹	≤10	车、刨、铣、镗、钻、粗铰	轴上不安装轴承、齿轮处的非配合表面，紧固件的自由装配表面，轴和孔的退刀槽等
	微见加工痕迹	≤5	车、刨、铣、镗、磨、拉、粗刮、滚压	半精加工表面，箱体、支架、盖面、套筒等和其他零件结合而无配合要求的表面，需要发蓝处理的表面等
	看不清加工痕迹	≤2.5	车、刨、铣、镗、磨、拉、刮、滚压、铣齿	接近于精加工表面，箱体上安装轴承的镗孔表面，齿轮的工作面
光表面	可辩加工痕迹方向	≤1.25	车、镗、磨、拉、刮、精铰、磨齿、滚压	圆柱销、圆锥销的工作面，与滚动轴承配合的表面，普通车床导轨面，内、外花键定心表面等
	微辩加工痕迹方向	≤0.63	精铰、精镗、磨、刮、滚压	要求配合性质稳定的配合表面，工作时受交变应力的重要零件的表面，较高精度车床的导轨面
	不可辩加工痕迹方向	≤0.32	精磨、珩磨、研磨、超精加工	精密机床主轴锥孔、顶尖圆锥面，发动机曲轴、齿轮轴工作面，高精度齿轮齿面

续表

表面微观特性		$Ra/\mu m$	加工方法	应用举例
极光泽表面	暗光泽面	≤0.16	精磨、研磨、普通抛光	精密机床主轴颈表面，一般量规工作表面，气缸套内表面，活塞销表面等
	亮光泽面	≤0.08	超精磨、精抛光、镜面磨削	精密机床主轴颈表面，滚动轴承的滚珠表面，高压油泵中柱塞和柱塞套配合的表面
	镜状光泽面	≤0.04		
	镜面	≤0.01	镜面磨削、超精研	高精度量仪、量块的工作表面，光学仪器中的金属镜面

知识点5 表面粗糙度测量

方法一 用光切显微镜测量表面粗糙度

一、使用设备

光切显微镜。

二、量仪介绍

1. 结构

图3-16所示为光切显微镜（双管显微镜）。

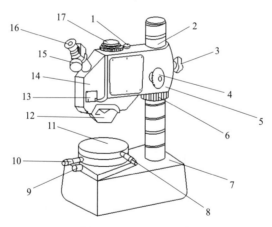

图3-16 光切显微镜

1—光源；2—立柱；3—锁紧螺钉；4—微调手轮；5—横臂；6—升降螺母；
7—底座；8—纵向千分尺；9—工作台固紧螺钉；10—横向千分尺；11—工作台；
12—物镜组；13—手柄；14—壳体；15—测微鼓轮；16—目镜；17—照相机安装孔

2. 工作原理

光切法是利用光切原理测量表面粗糙度的方法，常采用的仪器是光切显微镜（双管显微镜），该仪器适宜测量车、铣、刨或其他类似加工方法所加工的零件平面或外圆表面。光切法主要用来测量粗糙度参数 Rz 的值，其测量范围为 $0.8 \sim 50\ \mu m$。如图3-17所示，显微镜有两个光管，一个为照明管，另一个为观测管，两管轴线互成90°。在照明管中，由光源1

发出的光线经过聚光镜2、光栏（窄缝）3及透镜4后，以一定的角度（45°）投射到被测表面上，形成窄长光带，通过观测管（管内装有透镜5和目镜6）进行观察。若被测表面粗糙不平，光带就弯曲。设表面微观不平度的高度为 H，则光带弯曲高度为

$$ab = H / \cos 45°$$

而从目镜中看到的光带弯曲高度为

$$a'b' = KH / \cos 45°$$

式中　K——观测管的放大倍数。

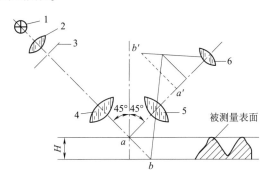

图 3-17　双管显微镜的测量原理

1—光源；2—聚光镜；3—光栏（窄缝）；4，5—透镜；6—目镜

三、测量步骤

（1）根据表面粗糙度要求，按表 3-7 选择合适的物镜，装在观察光管的下端。

表 3-7　物镜的选择

物镜放大倍数	分读值 $i/$（μm·格$^{-1}$）	目镜视场直径/mm	可测范围	
			$Rz/$μm	$Ra/$μm
7	1.28	2.5	32~125	5~20
14	0.63	1.3	8~32	1.25~5
30	0.29	0.6	2~8	0.32~1.25
60	0.16	0.3	1~2	0.16~0.32

（2）接通电源。

（3）擦净被测工件，把它放在工作台上，并使被测表面的切削痕迹方向与光带垂直。

（4）粗调节：用手托住横臂5，松开锁紧螺钉3，缓慢旋转横臂升降螺母6，使横臂5上下移动，直到能从目镜中观察到被测表面轮廓的绿色光带，然后将锁紧螺钉3固紧。（注：调节时，防止物镜和工件表面接触。）

（5）细调节：缓慢往复转动微调手轮4，使目镜中光带最狭窄，轮廓影像最清晰并位于视场中央。

（6）松开螺钉3，转动4，使目镜中十字线中的一根线与光带轮廓中心线大致平行，并将螺钉3拧紧。

（7）旋转目镜测微器的刻度套筒，使目镜中十字线的一根与光带轮廓一边的峰（谷）

相切，从测微器中读出该峰（谷）的数值，在测量长度内分别测出 5 个峰和 5 个谷的数值，并计算出 Rz。

$$(\sum_{i=1}^{5} h_{峰} - \sum_{i=1}^{5} h_{谷})/(5 \times N_1) = Rz$$

（8）纵向移动工作台，共测出几个测量长度上的 Rz 值，计算其平均值。

（9）根据计算结果判定被测表面的表面粗糙度。

<h3>方法二　干涉显微镜测量表面粗糙度 Rz</h3>

一、使用设备

干涉显微镜。

二、量仪介绍

（1）结构：如图 3-18（a）所示。

（2）工作原理。

干涉显微镜是干涉仪和显微镜的组合，用光波干涉原理来反映出被测工件的表面粗糙度。由于表面粗糙度是微观不平度，所以通常用显微镜进行高倍放大后再进行观察和测量。干涉显微镜一般用于测量 1~0.03 μm 表面粗糙度 Rz 值。

6JA 型干涉显微镜的外形如图 3-18（a）所示，其光学原理如图 3-18（b）所示，由光源 1 发出的光束，通过聚光镜 2、4、8（3 是滤色片）经分光镜 9 分成两束，其中一束经补偿板 10、物镜 11 至被测面 18，再经原光路返回至分光镜 9，反射至目镜 19；另一光束由分光镜 9 反射（遮光板 20 移出），经物镜 12 射至参考镜 13 上，再由原光路返回，并透过分光镜 9 也射向目镜 19。两路光束相遇叠加产生干涉，通过目镜 19 来观察。当被测表面非常平整时，在目镜视场内将见到平直规则的明暗相同的干涉条纹，若表面有微观不平度，则视场中将呈现弯曲不规则的干涉带。根据干涉带弯曲量 b 与干涉带间距 a 可计算出 Rz。

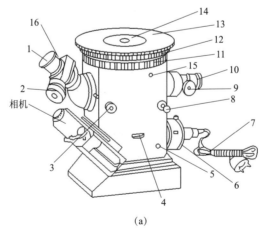

(a)

图 3-18　干涉显微镜

（a）仪器结构

1—目镜；2—测微鼓轮；3，4—手轮；5—手柄；6—螺钉；7—光源；

8，9，10—手轮；11，12，13—滚花轮；14—工作台；15—手轮；16—锁紧螺钉

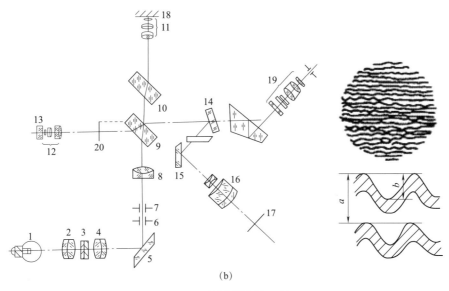

图 3-18 干涉显微镜（续）

（b）干涉显微镜的光学原理图

1—光源；2，4，8—聚光镜；3—滤色片；5，15—反射镜；6—孔径光阑；7—视场光阑；9—分光镜；10—补偿板；
11，12—物镜；13—参考镜；14—可调反光镜；16—照相物镜；17—照相底片；18—被测面；19—目镜；20—遮光板

三、测量步骤

（1）将工件小心地放在工作台上，被测表面向下对准物镜。

（2）通过变压器接通电源。

（3）寻找干涉带。

①向上旋转遮光调节手柄遮住光线。

②转动调焦百分尺，使工作台上、下移动，对被测表面调焦，直到能从目镜中看到清晰的加工痕纹为止。

③转动遮光调节手柄至水平位置时，视场中出现干涉条纹。

（4）调节干涉带方向及间距。

转动工作台，使干涉带条纹与被测表面加工痕纹垂直，为了便于估读干涉带的弯曲量，应使两干涉带间有一定的距离 a（密度 3～15 cm）。

（5）进行测量。

使目镜中十字线的水平线平行于干涉条纹的方向，按此方向进行测量。移动水平线使其在基本长度范围内分别与同一干涉条纹的 5 个最高峰及 5 个最低谷相切，得到相应的 10 个读数，算出干涉条纹波峰与波谷之差的平均值。

为了提高相邻两干涉带间距 a 的测量精度，相邻两干涉带之间的距离共测三次算出 a 的平均值，按下列公式计算 Rz 值为

$$Rz = \frac{\sum h_{峰} - \sum h_{谷}}{5a} \times \frac{\lambda}{2}$$

式中　λ——光波波长，白色光波波长为 0.57 μm，绿色光波波长为 0.55 μm。

方法三　电动式轮廓仪测量表面粗糙度 Ra

一、使用设备

电动轮廓仪。

二、量仪介绍

1. 结构

图 3-19 所示为 BCJ-2 型电动轮廓仪，其是高精度的表面粗糙度测量仪器，也是目前使用最广泛、最基本的表面粗糙度的测量仪器，可测量经机械加工后的平面、外圆柱面及直径在 6 mm 以上的内孔表面的粗糙度，仪器通过指示表直接读出表面粗糙度的算术平均偏差 Ra，或通过自动记录器将 Ra 值小于 100 μm 的轮廓描绘出来。

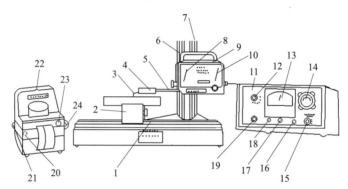

用表面粗糙度
测量仪测量
工件表面

图 3-19　BCJ-2 型电动轮廓仪

1—底座；2—V 形块；3—触针；4—传感器（感受器）；5—固定螺钉；6—立柱；7—升降手轮；
8—启动手柄；9—驱动箱；10—变速手柄；11—电器箱；12—电器箱测量范围旋钮；13—指示表；
14—指零表；15—切除长度旋钮；16—电源开关；17—指示灯；18—测量方式开关；19—调零旋钮；
20—记录器开关；21—线纹调整旋钮；22—制动栓；23—锁盖手柄；24—记录器变速手轮

2. 测量原理

测量时，传感器相对工件移动，金刚石触针向被测表面纹理的垂直方向等速缓慢移动，被测表面微观不平的变化引起触针的微观位移，从而使传感器线圈的电感量发生变化。传感器停止移动后，借助于晶体电路，操作者可从平均表上直接读出 Ra；或用记录器将被测表面的轮廓形状经放大后记录下来，供分析计算之用。图 3-20 所示为电感式轮廓仪工作原理示意图。

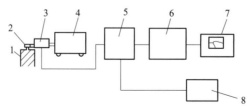

图 3-20　电感式轮廓仪工作原理

1—被测工件；2—触针；3—传感器；4—驱动箱；
5—测微放大器；6—信号分离及运算；7—指示表；8—记录器

三、测量步骤

1. 连接仪器

松开固定螺钉 5，借升降手轮 7 升降驱动箱 9，将感受器 4 装在驱动箱上，用螺钉固紧（图 3-19 中未示出），连接好仪器全部插件后接上电源。

2. 选择测量方式（读表或记录）

1）读表（见图 3-19）

（1）将电器箱 1 上的测量方式开关 18 拨向"读表"的位置，将驱动箱 9 上的变速手柄 10 转至"Ⅱ"的位置，打开电源开关 16，指示灯 17 亮。

（2）粗略估计工件表面粗糙度 Ra 值的范围，用切除长度旋钮 15 选择适当放大比和切除长度。

（3）借手轮 7 升降驱动箱，使感受器触针 3 接触工件表面至指零表 14 的指针处于表盘所示的两条红带之间。

（4）将启动手柄 8 轻轻转向右端，驱动箱即拖动感受器 4 相对于被测表面移动，指示表 13 的指针开始转动，然后停在某一位置上指出测量结果并进行记录。

（5）将启动手柄 8 轻轻转回原处，准备下一次测量。

2）记录（见图 3-19）

（1）将测量方式开关 18 拨至"记录"位置，驱动箱变速手柄 10 处于"Ⅰ"位置，行程长度选用 40 mm。

（2）粗略估计被测表面粗糙度 Ra 值的范围，调整记录器变速手轮 24，选择适当水平放大比，用电器箱测量范围旋钮 12 选择适当的垂直放大比。

（3）借助手轮 7 升降驱动箱，使触针 3 与被测表面接触，直至记录笔尖近似地处于记录纸中间位置，再用电器箱上调零旋钮 19 调整记录笔处于理想位置，打开记录器开关 20，将启动手柄 8 轻轻转向右端，即开始测量。

（4）当需要停止记录时，可立即脱开记录器开关 20，若测量中途需要感受器停止工作，则将驱动箱的启动手柄 8 拨向左端即可。

项目四 圆锥公差与检测

任务 圆锥公差与检测

任务引入

（1）给定零件图，如图4-1所示，该零件为带有内锥的螺纹轴，要求能对该轴的内锥度误差进行检测，判断合格性，并对检验结果进行分析和评价。

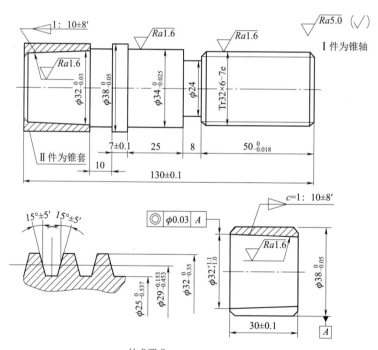

技术要求
1. 未注公差尺寸按IT14加工；
2. 全都倒角均为C2；
3. 先加工锥轴，锥套与锥轴对配合后接触面达65%，接触面靠近大轴，且Ⅰ与Ⅱ配合后必须保证±0.1 mm的精度。

图4-1 螺纹轴内锥

（2）给定零件图，如图4-2所示，该零件为带有外锥的螺纹轴，要求我们学习了外锥度的检测方法后，能对该轴的外锥度误差进行检测，判断合格性，并对检验结果进行分析和评价。

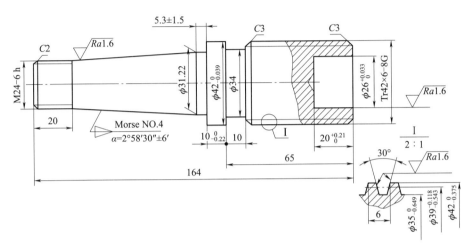

图 4-2　外锥度零件图

学 习 目 标

（1）理解圆锥的主要几何参数，明确圆锥公差与配合的术语及定义。

（2）明确标准对圆锥公差与配合的有关规定。

（3）会对圆锥公差进行标注和选择。

（4）掌握圆锥角和锥度的检测方法。

（5）根据零件图的要求，对实际零件进行检测，给出测量结果并进行评价与分析。

（6）培养学生的创新能力，提高学生的创新精神。

任 务 分 组

学生任务分配表

班级		组号		指导教师	
组长		学号			
组员		姓名	学号	姓名	学号

获取信息

引导问题 1：被测工件的任务分析。

（1）被测工件的测量对象有哪些？精度等级分别是什么？

_____

_____

（2）圆锥结合与光滑圆柱体结合相比有何特点？

_____

_____

引导问题 2：锥度的基本术语及定义。

（1）圆锥角与圆锥素线角的关系是什么？

_____

_____

（2）圆锥的基本尺寸是什么？

_____

_____

（3）基本圆锥与极限圆锥的区别和联系是什么？

_____

_____

引导问题 3：圆锥公差与配合

（1）确定圆锥公差的方法有哪几种？各适用于什么场合？

_____

_____

（2）圆锥角公差的公差等级可以分为多少个？

_____

_____

引导问题 4：圆锥公差的给定和标注

（1）国标规定的圆锥公差给定方法有哪几种？

_____

（2）圆锥公差的标注方法有哪几种？

引导问题 5：圆锥配合的形成

圆锥配合的形式有几种？包括哪些方式？

引导问题 6：圆锥公差的选择

（1）圆锥直径公差的选用规则是什么？

（2）圆锥角公差的选用规则是什么？

工 作 实 施

引导问题 7：圆锥角的检测

（1）锥度和角度的检测器具中，相对测量法常用的量具是什么？

（2）圆锥角检测量仪的规格及有关参数。

仪器名称		测量范围	
分度值			

（3）圆锥角的检测结果。

测量值与计算值	$M_a/\mu m$	$M_b/\mu m$	$M_a-M_b/\mu m$	a、b 两点间距离 l/mm	$\Delta\alpha$ 的计算值/（″）
第一次测量					
第二次测量					
第三次测量					
被测圆锥角实际偏差的计算公式：$\Delta\alpha=206\dfrac{M_a-M_b}{l}$（″）					

（4）测量结果判断分析。

_____

_____

评 价 反 馈

各组代表展示作品，介绍任务的完成过程。作品展示前应准备阐述材料，并完成评价表。

学生自评表

任务	完成情况记录
任务是否按计划时间完成	
相关理论完成情况	
技能训练情况	
任务完成情况	
任务创新情况	
材料上交情况	
收获	

学生互评表

序号	评价项目	小组互评	教师评价	点评
1				
2				
3				
4				
5				
6				

序号	评价项目	自我评价	互相评价	教师评价	综合评价
1	学习准备				
2	引导问题填写				
3	规范操作				
4	完成质量				
5	关键操作要领掌握				
6	完成速度				
7	参与讨论的主动性				
8	沟通协作				
9	展示汇报				

注：评价档次统一采用 A（优秀）、B（良好）、C（合格）、D（努力）4 个。

知 识 链 接

知识点 1　锥度基本术语及定义

圆锥公差的
基本术语及定义

1. 圆锥的主要几何参数

圆锥分为内圆锥（圆锥孔）和外圆锥（圆锥轴）两种。属内圆锥的在其代号右下角附上 i，属外圆锥的附上 e，如图 4-3 所示。

1）圆锥角与圆锥素线角

在通过圆锥轴线的截面内，两条素线间的夹角称为圆锥角，用 α 表示；圆锥素线与轴线的夹角称为圆锥素线角，用 $\alpha/2$ 表示。

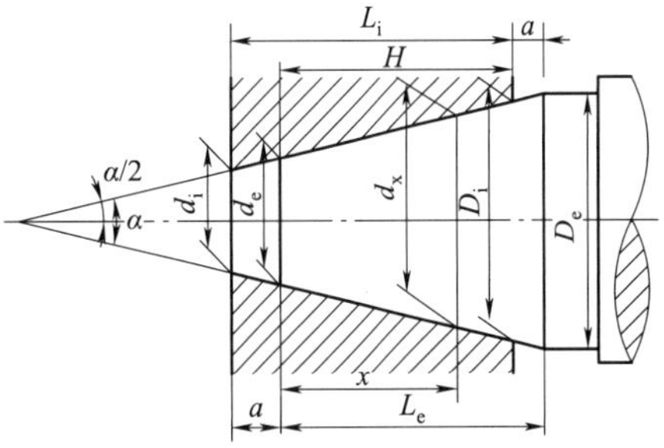

2）圆锥直径

与圆锥轴线垂直的截面内的直径称为圆锥直径，包括内、外圆锥的最大直径 D_i、D_e，内、外圆锥的最小直径 d_i、d_e，以及给定截面直径 d_x。

3）圆锥长度

圆锥长度指最大圆锥直径 D 截面与最小圆锥直径 d 截面之间的轴向距离，用 L_i、L_e 表示。

图 4-3　圆锥的主要几何参数

4）锥度

锥度是两个垂直圆锥轴线截面的圆锥直径 D 和 d 之差与该两截面之间的轴向距离之比，用 C 表示，$C = (D-d)/L = 2\tan\alpha/2$。锥度常用比例或分数表示，如 $C = 1 : 3$ 或 $C = 1/3$。

2. 圆锥公差与配合的术语及定义

1）基本圆锥

设计给定的理想形状的圆锥，它可以由一个基本圆锥直径、基本圆锥长度、基本圆锥角或基本锥度确定。

2）极限圆锥

极限圆锥是指与基本圆锥共轴且圆锥角相等，直径分别为上极限尺寸和下极限尺寸的两个圆锥。在垂直圆锥轴线的任一截面上，这两个圆锥的直径差都相等。

极限圆锥所对应的尺寸参数为相应的极限尺寸，如极限圆锥直径和极限圆锥角等。

3）圆锥直径公差

圆锥直径公差是圆锥直径的允许变动量，用 T_D 表示，是适用于圆锥全长的任意径向截面直径的最大允许值和最小允许值之差。

4）圆锥角公差 AT

圆锥角公差 AT 是圆锥角的允许变动量，用 AT（AT_α 或 AT_D）表示。

相关术语如图 4-4 和图 4-5 所示。

圆锥的公差
与配合

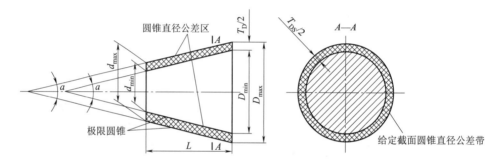

图 4-4　极限圆锥和圆锥直径公差带

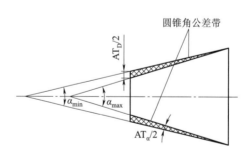

图 4-5　极限圆锥角和圆锥角公差带

知识点 2　圆锥公差与配合

1. 圆锥直径公差 T_D

设计时，一般取最大圆锥直径 D 为公称尺寸。

在图 4-4 中，两个极限圆锥所限定的区域即圆锥直径公差带，所有实际圆锥都应在该区域中才为合格。直径公差带的标准公差和基本偏差的取值可按 GB/T 1801—2009《极限与配合》规定的标准选取。

2. 圆锥角公差 AT

当以弧度或角度为单位是用 AT_α 表示，以长度为单位时用 AT_D 表示，二者关系为

$$AT_D = AT_\alpha \times L \times 10^{-3}$$

式中　AT_D 的单位为 μm；AT_α 的单位为 μrad；L 的单位为 mm。

圆锥角公差带是两个极限圆锥角所限定的区域，如图 4-5 所示。

圆锥角公差 AT 共分 12 个公差等级，由高等级到低等级依次用 AT1，AT2，…，AT12 表示，各级圆锥角公差数值见表 4-1。

表 4-1　圆锥角公差数值（摘自 GB/T 11334—2005）

公称圆锥长度 L/mm		圆锥角公差等级								
		AT4			AT5			AT6		
		AT_α		AT	AT_α		AT_D	AT_α		AT_D
大于	至	μrad	(″)	μm	μrad	(′)(″)	μm	μrad	(′)(″)	μm
自 6	10	200	41	>1.3~2.0	315	1′05″	>2.0~3.2	500	1′43″	>3.2~5.0
10	16	160	33	>1.6~2.5	250	52″	>2.5~4.0	400	1′22″	>4.0~6.3
16	25	125	26	>2.0~3.2	200	41″	>3.2~5.0	315	1′05″	>5.0~8.0
25	40	100	21	>2.5~4.0	160	33″	>4.0~6.3	250	52″	>6.3~10.0
40	63	80	16	>3.2~5.0	125	26″	>5.0~8.0	200	41″	>8.0~12.5
63	100	63	13	>4.0~6.3	100	21″	>6.3~10.0	160	33″	>10.0~16.0
100	160	50	10	>5.0~8.0	80	16″	>8.0~12.5	125	26″	>12.5~20.0
160	250	40	8	>6.3~10.0	63	13″	>10.0~16.0	100	21″	>16.0~25.0
250	400	31.5	6	>8.0~12.5	50	10″	>12.5~20.0	80	16″	>20.0~32.0
400	630	25	5	>10.0~16.0	40	8″	>16.0~25.0	63	13″	>25.0~40.0

公称圆锥长度 L/mm		圆锥角公差等级						
		AT7			AT8		AT9	
		AT_α		AT_D	AT_α		AT_D	AT_α		AT_D
大于	至	μrad	(′)(″)	μm	μrad	(′)(″)	μm	μrad	(′)(″)	μm
自 6	10	800	2′45″	>5.0~8.0	1 250	4′18″	>8.0~12.5	2 000	6′52″	>12.5~20
10	16	630	2′10″	>6.3~10.0	1 000	3′26″	>10.0~16.0	1 600	5′30″	>16~25
16	25	500	1′43″	>8.0~12.5	800	2′45″	>12.5~20.0	1 250	4′18″	>20~32
25	40	400	1′22″	>10.0~16.0	630	2′10″	>16.0~20.5	1 000	3′26″	>25~40
40	63	315	1′05″	>12.5~20.0	500	1′43″	>20.0~32.0	800	2′45″	>32~50
63	100	250	52″	>16.0~25.0	400	1′22″	>25.0~40.0	630	2′10″	>40~63
100	160	200	41″	>20.0~32.0	315	1′05″	>32.0~50.0	500	1′43″	>50~80
160	250	160	33″	>25.0~40.0	250	52″	>40.0~63.0	400	1′22″	>63~100
250	400	125	26″	>32.0~50.0	200	41″	>50.0~80.0	315	1′05″	>80~125
400	630	100	21″	>40.0~63.0	160	33″	>63.0~100.0	250	52″	>100~160

圆锥角的极限偏差可按单向或双向取值。为保证内、外圆锥接触的均匀性，圆锥角公差通常采用对称于基本圆锥角分布。

3. 圆锥的形状公差

圆锥的形状公差 T_F，包括素线直线度公差和径向截面圆度公差，数值推荐从 GB/T 1184—1996 中选取。

知识点 3 圆锥公差的给定和标注

1. 圆锥公差的给定方法

尽管圆锥的公差项目有四项，但对具体圆锥工件，并不都需要全部标注出来，而是应根据该圆锥的功能要求和圆锥加工的经济性等方面进行综合考虑。GB/T 11334—2005 规定了圆锥公差的两种给定方法：

（1）给出圆锥的基本圆锥角 α（或锥度 C）和圆锥直径公差 T_D，由 T_D 确定两个极限圆锥。此时，圆锥角误差和圆锥形状误差均应控制在极限圆锥所限定的区域内。当对圆锥角公差和形状公差有更高的要求时，可再给出圆锥角公差 AT 和圆锥的形状公差 T_F，但此时 AT 和 T_F 只能占用圆锥直径公差的一部分。方法一适用于有配合要求的内、外圆锥。

（2）给出给定截面圆锥直径公差 T_{DS} 和圆锥角公差 AT。此时，这两项公差独立控制在各自差范围，应当分别满足。当对圆锥的形状精度有更高的要求时，可再给出圆锥的形状公差 T_F。此方法适用于对圆锥截面直径有较高要求，使圆锥配合在给定截面上有良好接触，以保证密封性的场合，如某些阀类零件的公差给定就是这种情况。但是，大多数圆锥零件公差的给定不采用这种方法。

2. 圆锥公差的标注

圆锥公差在标注时有以下三种方法。

1）面轮廓度法

GB/T 15754—1995 规定通常圆锥公差应按面轮廓度法标注，如图 4-6（a）所示，图 4-6（b）所示为对应的公差带。

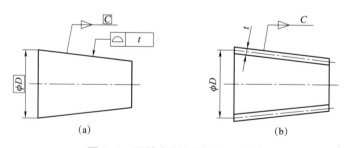

图 4-6 面轮廓度法标注锥度公差

2）基本锥度法

该标注方法与 GB/T 11334—2005 规定的第一种圆锥公差给定方法一致，如图 4-7（a）所示，图 4-7（b）所示为对应的公差带。

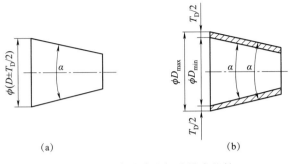

图 4-7　基本锥度法标注锥度公差

3）公差锥度法

该标注方法与 GB/T 11334—2005 规定的第二种圆锥公差给定方法一致，如图 4-8（a）所示，图 4-8（b）所示为对应的公差带情况。

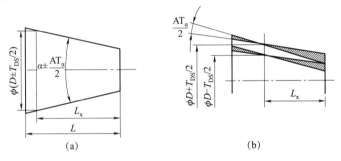

图 4-8　公差锥度法标注圆锥公差

知识点 4　圆锥配合的形成

圆锥配合的间隙或过盈的大小可通过改变内、外圆锥间的轴向相对位置来调整。按确定配合圆锥轴向位置的方法，圆锥配合的形式有两大类、四种方式。

1. 结构型圆锥配合

（1）由内、外圆锥的结构确定装配的最终位置而形成配合。这种方式可得到间隙配合、过渡配合和过盈配合，如图 4-9（a）所示。

（2）由内、外圆锥基准平面之间的尺寸确定装配的最终位置而形成配合，这种方式可得到间隙配合、过渡配合和过盈配合，如图 4-9（b）所示。

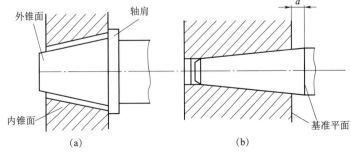

图 4-9　结构型圆锥配合

2. 位移型圆锥配合

（1）由内、外圆锥实际初始位置 P_a 开始，做一定的相对轴向位移 E_a 而形成配合。这种方式可得到间隙配合和过盈配合，如图 4-10（a）所示。

（2）由内、外圆锥实际初始位置开始 P_a 开始，施加一定的装配力产生轴向位移而形成配合。这种方式只能得到过盈配合，如图 4-10（b）所示。

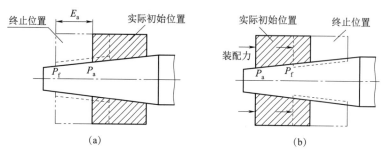

图 4-10　位移型圆锥配合

知识点 5　圆锥公差的选择

有配合要求的圆锥公差通常采用第一种方法给定，即给出理论正确圆锥角 α（或锥度 C）和圆锥直径公差 T_D，这里主要介绍这种下圆锥公差选择的方法。

1. 直径公差的选用

对于结构型圆锥，直径误差主要影响实际配合的间隙或过盈，在选用时是根据配合公差来确定内、外圆锥的直径公差的。

结构型圆锥配合国家标准推荐采用基孔制，外圆锥直径基本偏差一般在 d～zc 中选取，内、外圆锥直径公差带及配合按 GB/T 1801—2009 选取。

对于位移型圆锥，其配合性质是通过配合圆锥的轴向位移确定的，与直径公差无关。在选择圆锥直径公差时，要根据对终止位置基面距的要求和对接触精度的要求情况确定。如果对基面距有要求，公差等级一般在 IT8～IT12 之间选取；如果对基面距无严格要求，则可选较低的公差等级，以便于加工；如果接触精度要求高，则可用给出圆锥角公差的方法来满足。位移型圆锥配合，国家标准推荐直径公差带的基本偏差选用 H/h 和 JS/js，其轴向位移极限值按 GB/T 1801—2009 规定的极限过盈来计算。

2. 圆锥角公差的选用

按第一种方法给定圆锥公差，圆锥角误差限制在两个极限圆锥范围内，可不另给出圆锥角公差。如果对圆锥角有更高要求，则可另给出圆锥角公差。

国家标准规定的 AT 的 12 个公差等级中，AT4～AT12 的应用较广泛。AT4～AT6 等级精度较高，常用于高精度的圆锥量规和角度样板；AT7～AT9 用于工具圆锥、圆锥锁及传递大转矩的摩擦圆锥；AT10～AT11 用于圆锥套、圆锥齿轮等中等精度零件；AT12 用于对精度要求不高的低精度圆锥零件。

知识点 6 锥度的检测方法

测量锥度和角度的测量器具很多，其测量方法可分为直接测量法和间接测量法，直接测量又可分为相对测量和绝对测量。

1. 直接测量

直接测量是指直接从计量器具上读出被测角度。对于大批量生产的圆锥零件，可采用专用圆锥量具测量。对于精度不高的工件，常用万能角度尺测量；对于精度较高的零件，可以用光学测角仪、光学分度头等计量器具测量。

2. 间接测量

间接测量通过测量与锥度有关的尺寸，再按几何关系换算出被测的锥度。下面举两个间接测量锥度的例子。

1）内锥锥度测量

如图 4-11 所示，将直径为 D_0、d_0 的钢球放入被测内锥面中，以被测锥面大端作为测量基准面，测得基面到钢球顶点的距离 L_1 和 L_2，按公式 $\sin\alpha/2 = (D_0-d_0) / (2L_2-2L_1+d_0-D_0)$ 求解圆锥半角 $\alpha/2$。

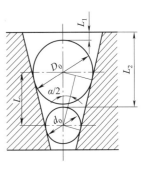

图 4-11 内锥角测量
方法示例

2）外锥锥度测量

外锥角测量的经典方法是正弦规测锥度。如图 4-12（a）所示，测量前先按 $h = L\sin\alpha$ 计算并组合量块高度 h，α 为公称圆锥角，L 为正弦规两圆柱中心距。按图 4-12（a）所示方式测量，读取指示表在 a、b 两点的读数 h_a，h_b，工件偏差即为 $\Delta C = (h_a-h_b) / l$，l 为 a、b 两点间的距离。

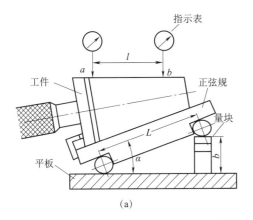

(a)

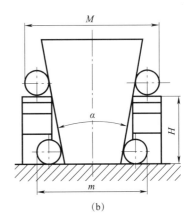

(b)

图 4-12 外锥角测量方法示例

此外，还可以用如图 4-12（b）的方法，将待测外锥置于平板上，半径为 R 的两个圆柱放在圆锥小端两侧，测出尺寸 m 后，将这两个圆柱放在高为 H 的量块上，测得尺寸 M，按公式 $\tan\alpha/2 = (M-m) / 2H$ 求解圆锥半角 $\alpha/2$。

3. 用锥度样板测量

锥度样板根据被测锥度的极限值制造，有通端和止端。被测工件在通端，光隙由锥顶到锥底逐渐增大；在止端，光隙由锥顶到锥底逐渐减少，则被测锥度在极限范围内，锥度合格，如图4-13所示。

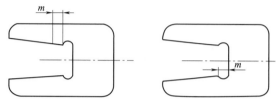

图4-13　锥度样板

4. 用圆锥量规测量

圆锥量规可以用来检验圆锥工件的锥度和直径偏差。检测内圆锥用的量规是塞规，检测外圆锥用的量规是环规，如图4-14所示。

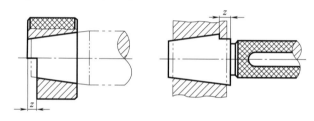

图4-14　圆锥量规

知识点7　圆锥角和锥度的测量

1. 相对测量法

相对测量法又称比较测量法，它是将角度量具与被测角度比较，用光隙法或涂色检验的方法估计被测锥度及角度的测量，常用的量具有角度量块、直角尺及圆锥量规等。

1) 角度量块

在角度测量中，角度量块是基准量具，它用来检定或校正各种角度量仪，也可以用来测量精密零件的角度。角度量块的型式有Ⅰ型和Ⅱ型两种，如图4-15所示。Ⅱ型为四边形量

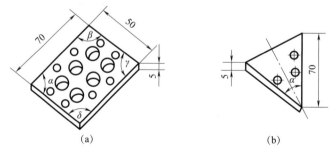

(a)　　　　　　　　　　　(b)

图4-15　角度量块

块，有四个工作角（α、β、γ、δ）；Ⅰ型为三角形量块，有一个工作角 α。角度量块可单独使用，也可组合使用。

2）直角尺

直角尺的公称角度为 90°，用于检验直角偏差、划垂直线、目测光隙以及用塞尺来确定垂直度误差的大小。角尺的型式如图 4-16 所示，其中图 4-16（a）~图 4-16（e）所示分别为圆柱角尺、刀口角尺、刀口矩形角尺、铸铁角尺和宽座角尺。

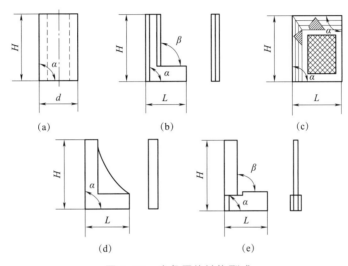

图 4-16　直角尺的结构型式

直角尺的精度按外工作角 α 和内工作角 β 在长度 H 上对 90° 的垂直误差大小划分为 0、1、2、3 四个等级，其中 0 级为最高级，3 级为最低级，0、1 级用于检定精密量具或作精密测量，2、3 级用于检验一般零件。

3）圆锥量规

圆锥量规型式如图 4-17 所示。圆锥量规可以检验零件的锥度及基面距误差。检验时，先检验锥度，检验锥度常用涂色法，即在量规表面沿着素线方向涂上 3~4 条均布的红丹线，与零件研合转动 1/3~1/2 转，取出量规，根据接触面的位置和大小判断锥角误差；然后用圆锥量规检验零件的基面距误差，在量规的大端或小端处有距离为 m 的两条刻线或台阶，m 为零件圆锥的基面距公差。测量时，被测圆锥的端面只要介于两条刻线之间，即为合格。

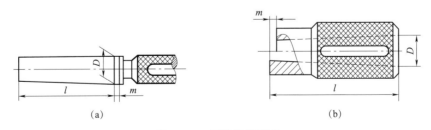

图 4-17　圆锥量规型式
(a) 圆锥塞规；(b) 圆锥环规

2. 绝对测量法

绝对测量法是用测量角度的量具和量仪直接测量，被测的锥度或角度的数值可在量具和量仪上直接读出。常用量具与量仪有万能游标角度尺和光学分度头等。

1）万能游标角度尺

万能游标角度尺是机械加工中常用的度量角度的量具，它的结构如图 4-18 所示。它是由主尺 1、基尺 2、制动器 3、扇形板 4、直角尺 5、直尺 6 和卡块 7 等所组成的。

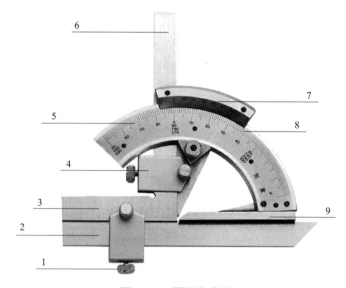

图 4-18　万能角度尺

1—紧固螺丝；2—直尺；3—测量面；4—连接杆；5—主尺；6—直角尺；7—游标；8—数据线接口；9—基尺

游标角度尺是根据游标读数原理制造的，读数值为 2′ 和 5′，其示值误差分别不大于 ±2′ 和 ±5′。以读数值为 2′ 的为例：主尺 1 朝中心方向均匀刻有 120 条刻线，每两条刻线的夹角为 1°；游标上，在 29° 范围内朝中心方向均匀刻有 30 条刻线，则每条刻线的夹角为 $29°/30×60′=58′$。

因此，尺座刻度与游标刻度的夹角之差为 $60′-29°/30×60′=2′$，即游标角度尺的读数值为 2′。调整基尺、角尺、直尺的组合可测量 0°~320° 范围内的任意角度。

2）光学分度头

光学分度头用于锥度及角度的精密测量，以及工件加工时的精密分度。如测量花键、凸轮、齿轮、铣刀、拉刀等的分度中心角，在测量时以零件的旋转中心为测量基准来测量工件的中心夹角。

3. 间接测量法

间接测量法是测量与被测角度有关的尺寸，再经过计算得到被测角度值，常用的有正弦尺、圆柱、圆球、平板等工具和量具。

1）正弦尺

正弦尺是锥度测量中常用的计量器具，其结构型式如图 4-19 所示。

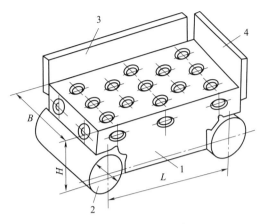

图 4-19 正弦规型式

1—本体；2—圆柱；3，4—挡板

正弦尺的工作台面分宽型和窄型两种，见表 4-2。

表 4-2 正弦尺的基本尺寸

mm

型式	L	B	H	d
宽型	100	80	40	20
	200	150	65	30
窄型	100	25	30	20
	200	40	55	30

用正弦尺测量外锥的锥度，如图 4-20 所示。在正弦尺的一个圆柱下面垫上高度为 h 的一组量块，已知两圆柱的中心距为 L，正弦尺工作面和平板的夹角为 α，则 $h = L\sin\alpha$。用百分表测量圆锥面上相距为 l 的 a、b 两点，由 a、b 两点的读数差 n 和 a、b 两点的距离 l 之比，即可求出锥度误差 ΔC。

$$\Delta C = n/l \ (\text{rad}) \quad 或 \quad \Delta\alpha = \tan^{-1} n/l$$

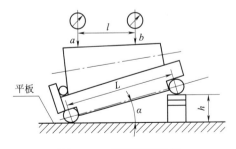

图 4-20 正弦尺测外锥

2）圆柱或圆球

采用精密钢球和圆柱量规测量锥角，适用于正弦尺无法测量的场合。

知识点 8 正弦规进行外锥的测量

1. 使用设备

正弦规的主要技术规格见表 4-3，应用正弦规测量小角度外圆锥的圆锥角。

表 4-3 正弦规的主要技术规格

距离 L/mm	$L=100$	$L=200$
两圆柱中心距 L 的公差/μm	±3	±5
两圆柱公切面与顶面的平行度/μm	2	3
两圆柱的直径差/μm	3	3

如图 4-21 所示，正弦规是由本体 2 和固定于两端直径相同的圆柱 1、3 所组成的精密测量工具。按工作面宽度的不同，它可分为宽型和窄型两种，主要用于测量小角度外圆锥的圆锥角。

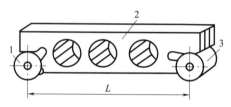

图 4-21 正弦规外形

1，3—精密圆柱体；2—本体

2. 工作原理

正弦规是以直角三角形的正弦函数为基础进行锥角测量的，如图 4-22 所示。

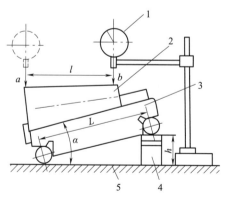

正弦规测量
角度的过程

图 4-22 用正弦规测量锥度

1—指示表；2—工件；3—正弦规；4—量块组；5—平板

若在正弦规一端（两圆柱之一）的下面垫入高度为 h 的量块组，则正弦规本体的测量

平面与平板平面组成一角 α，$\sin\alpha = \dfrac{h}{L}$，即

$$h = L\sin\alpha$$

式中　　L——正弦规两圆柱间距离；

　　　　h——量块组尺寸；

　　　　α——正弦规测量平面与平板平面之间的夹角（即被测件的锥角）。

在测量圆锥体的角度时，可将公称锥角 α 代入，求出所需的量块组尺寸 h。然后组合块规组，并按图 4-22 放入一端的圆柱下面（靠锥角小端的一端），用指示表在圆锥工件上相距 l 的两点（a 和 b 点）测出其高度差 Δh，若实际锥角与公称锥角一致，则 $\Delta h = 0$，否则被测角度的误差为 $\Delta\alpha = \dfrac{\Delta h}{l}$（rad）$= \dfrac{\Delta h}{l} \times 2 \times 10^{5}$（s）。

3. 测量步骤

（1）按被测工件的公称锥角 α，求出所需量块组的尺寸；按被测工件的圆锥角公差等级 AT 和圆锥长度 L，从 GB/T 11334—2005 圆锥角公差表中查出圆锥度公差 AT_{α} 并确定其上、下偏差。

（2）按量块组尺寸选出量块，并清洗干净组合成量块组。

（3）擦净平板、正弦规及工件，将工件安装在正弦规上，并将组合好的量块组放在锥体工件小端的正弦规圆柱下面。

（4）在被测锥体工件的上面，用钢皮尺测量一距离 l（任意选定），并在两点（图 4-22 中的 a、b）做出记号（用铅笔）。

（5）移动表架，使指示表的测量头分别通过 a 端和 b 端的顶点进行测量读数，并做记录。

（6）计算 $\Delta\alpha$（注意 $\Delta h = h_a - h_b$ 的正、负号）。

（7）评定是否合格，完成实验报告。

（8）将量仪、工件、工具擦洗干净，整理好现场。

项目五 键和花键公差与检测

任务 键和花键公差与检测

任务引入

测量图 5-1 中的键及键槽的宽度和两侧面的中心平面相对于基准孔轴线的对称度以及深度。

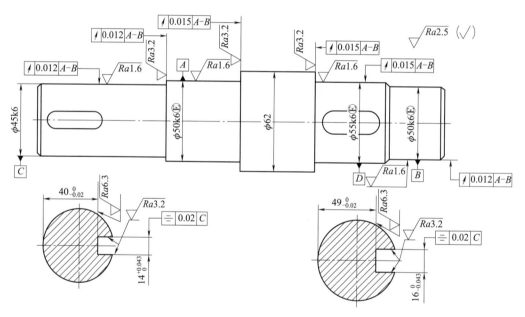

图 5-1 齿轮轴

学习目标

（1）理解平键连接配合尺寸公差带和配合种类的规定。

（2）理解键槽几何公差及表面粗糙度的规定。

（3）理解轴槽与轮毂键槽精度设计的步骤和方法。

（4）理解矩形花键连接的公差与配合。

（5）培养学生精益求精、追求极致的职业品质。

任 务 分 组

学生任务分配表

班级		组号		指导教师	
组长		学号			
组员	姓名	学号		姓名	学号

获 取 信 息

引导问题 1：键连接的用途及分类

（1）被测工件键连接的类型是什么？

_____

_____

_____

（2）各种键连接的特点是什么？主要用于哪些场合？

_____

_____

_____

_____

引导问题 2：普通平键连接的几何参数

平键连接的主要几何参数有哪些？

_____

_____

_____

引导问题 3：普通平键连接的尺寸公差与配合

（1）平键连接中，键宽与键槽宽的配合采用哪种基准制？

_____

_____

_____

（2）单键与轴槽、轮毂槽的配合分为哪几类？应如何选择？

引导问题 4：矩形花键连接的几何参数和定心方式

（1）矩形花键连接的几何参数是什么？

（2）为什么矩形花键只规定小径定心一种定心方式？其优点何在？

（3）花键连接的使用要求是什么？

引导问题 5：矩形花键连接的尺寸公差与配合

（1）矩形花键的极限与配合可以分为哪几类？

（2）矩形花键除规定尺寸公差外，还规定哪些位置公差？

引导问题 6：键连接的形位公差与表面粗糙度

（1）普通平键连接的形位公差与表面粗糙度分别做了哪些规定？

（2）矩形花键连接的形位公差选用时考虑哪些因素？

工 作 实 施

引导问题7：键连接检测量仪的选择

（1）矩形花键在图样上标注的内容是什么？标注的原则是什么？

_____

_____

_____

（2）普通平键键槽的检测量具如何选择？

_____

_____

_____

（3）矩形花键的检测量具如何选择？

_____

_____

_____

（4）花键综合量规的作用是什么？

_____

_____

_____

_____

评 价 反 馈

各组代表展示作品，介绍任务的完成过程。作品展示前应准备阐述材料，并完成评价表。

学生自评表

任务	完成情况记录
任务是否按计划时间完成	
相关理论完成情况	
技能训练情况	
任务完成情况	
任务创新情况	
材料上交情况	
收获	

学生互评表

序号	评价项目	小组互评	教师评价	点评
1				
2				
3				
4				
5				
6				

教师评价表

序号	评价项目	自我评价	互相评价	教师评价	综合评价
1	学习准备				
2	引导问题填写				
3	规范操作				
4	完成质量				
5	关键操作要领掌握				
6	完成速度				
7	参与讨论的主动性				
8	沟通协作				
9	展示汇报				

注：评价档次统一采用 A（优秀）、B（良好）、C（合格）、D（努力）4 个。

知 识 链 接

知识点1　键连接的用途及分类

键和花键连接广泛用于轴和轴上传动件，如齿轮、皮带轮、手轮和联轴节等之间的可拆卸连接，用于传递扭矩；也可用作轴上传动件的导向，如变速箱中变速齿轮花键孔与花键轴的连接。

单键通常称键，分为平键、半圆键和楔键等几种，平键分为普通平键与导向平键，前者用于固定连接，后者用于可移动的连接。花键分为矩形花键和渐开线花键两种，其中普通平键和矩形花键应用比较广泛。键的相关国家标准有 GB/T 1095—2003《平键　键槽的剖面尺寸》、GB/T 1144—2001《矩形花键　尺寸、公差和检验》等。

知识点2　普通平键连接的几何参数

普通平键连接是通过键和键槽的侧面来传递扭矩，键的上表面和轮毂键槽间留有一定的间隙，结构如图 5-2 所示。因此，键和键槽宽度 b 是平键连接的主要配合尺寸。在设计平键连接时，轴径 d 确定后，平键的规格参数根据轴径 d 确定。

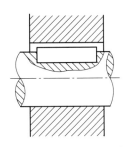
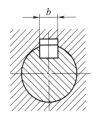

图 5-2　普通平键连接

键和键槽的断面尺寸及普通平键的型式、尺寸在 GB/T 1095—2003 中做了规定，如图 5-3 所示。

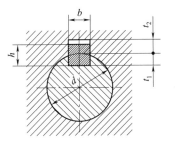
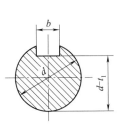
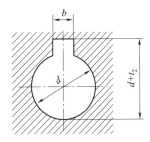

图 5-3　键和键槽断面尺寸

知识点 3　普通平键连接的尺寸公差与配合

键是标准件，相当于极限配合中的轴。因此，键宽和键槽宽采用基轴制配合。国家标准对键宽规定了一种公差带，对轴和轮毂的键槽宽各规定了三种公差带，构成三组配合，以满足各种不同用途的需要。平键连接的三种配合及应用见表 5-1。

平键的公差
与检测

表 5-1　平键连接的三种配合及应用

配合种类	尺寸 b 的公差			配合性质及应用
	键	轴槽	轮毂槽	
较松连接	h9	H9	D10	键在轴上及轮毂上均匀滑动，主要用于导向平键，轮毂可在轴上做轴向移动
一般连接		N9	Js9	键在轴上及轮毂上均固定，用于载荷不大的场合
较紧连接		P9	P9	键在轴上及轮毂上均固定，而比上一种配合更紧，主要用于载荷较大、载荷具有冲击性，以及双向传递转矩的场合

普通平键键槽的尺寸与极限偏差见表 5-2。

表 5-2 普通平键键槽的尺寸与极限偏差（摘自 GB 1095—2003）

mm

轴	键	键槽									
		宽度 b						深度			
公称直径 d	公称尺寸 b×h	公称尺寸 b	偏差					轴 t_1		毂 t_2	
			松连接		正常连接		紧密连接				
			轴 H9	毂 D10	轴 N9	毂 JS9	轴和毂 P9	公称	偏差	公称	偏差
>10~12	4×4	4	+0.030 0	+0.078 +0.030	0 −0.030	±0.015	−0.012 −0.042	2.5	+0.1 0	1.8	+0.1 0
>12~17	5×5	5						3.0		2.3	
>17~22	6×6	6						3.5		2.8	
>22~30	8×7	8	+0.036 0	+0.098 +0.040	0 −0.036	±0.018	−0.015 −0.051	4.0		3.3	
>30~38	10×8	10						5.0		3.3	
>38~44	12×8	12	+0.043 0	+0.120 +0.050	0 −0.043	±0.021 5	−0.018 −0.061	5.0	+0.2 0	3.3	+0.2 0
>44~50	14×9	14						5.5		3.8	
>50~58	16×10	16						6.0		4.3	
>58~65	18×11	18						7.0		4.4	

图 5-4 所示为键宽、键槽宽、轮毂槽宽 b 的公差带图。

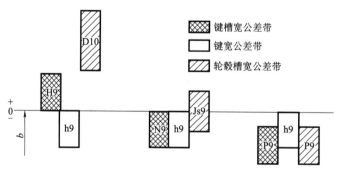

图 5-4 键宽、键槽宽、轮毂槽宽公差带图

知识点 4 矩形花键连接的几何参数和定心方式

（1）矩形花键连接的几何参数有大径 D、小径 d、键数 N 和键槽宽 B，如图 5-5 所示。国家标准规定了矩形花键连接的尺寸系列，见表 5-3。为了便于加工和测量，矩形花键的键数 N 为偶数，有 6、8、10 三种。按承载能力的大小，矩形花键分为中、轻两个系列。

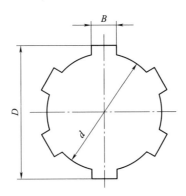

图 5-5 矩形花键的主要参数

表 5-3 矩形花键基本尺寸系列（摘自 GB/T 1144—2001）

mm

小径 d	轻系列				中系列			
	规格 $N \times d \times D \times B$	键数 N	大径 D	键宽 B	规格 $N \times d \times D \times B$	键数 N	大径 D	键宽 B
11					6×11×14×3		14	3
13					6×13×16×3.5		16	3.5
16	—	—	—	—	6×16×20×4		20	4
18					6×18×22×5	6	22	5
21					6×21×25×5		25	
23	6×23×26×6		26		6×23×28×6		28	
26	6×26×30×6	6	30	6	6×26×32×6		32	6
28	6×28×32×7		32	7	6×28×34×7		34	7
32	6×32×36×6		36	6	8×32×38×6		38	6
36	8×36×40×7		40	7	8×36×42×7		42	7
42	8×42×46×8		46	8	8×42×48×8		48	8
46	8×46×50×9	8	50	9	8×46×54×9	8	54	9
52	8×52×58×10		58	10	8×52×60×10		60	10
56	8×56×62×10		62		8×56×65×10		65	
62	8×62×68×12		68		8×62×72×12		72	
72	10×72×78×12		78	12	10×72×82×12		82	12
82	10×82×88×12		88		10×82×92×12		92	
92	10×92×98×14	10	98	14	10×92×102×14	10	102	14
102	10×102×108×16		108	16	10×102×112×16		112	16
112	10×112×120×18		120	18	10×112×125×18		125	18

（2）花键连接的主要使用要求是保证内、外花键的同轴度及键侧面与键槽侧面接触的均匀性，保证传递一定的扭矩。花键连接有三个接合面，即大径、小径和键侧面，要保证三个接合面同时达到高精度的配合是很困难的，也没有必要。确定配合性质的接合面称为定心表面，因为小径能用磨削的方法消除热处理变形，故可提高定心直径的制造精度，GB/T 1144—2001 中规定普通机械中矩形花键以小径的接合面为定心表面。对小径 d 有较高的精度要求，对大径 D 的精度要求较低，且有较大的间隙。对非定心的键和键槽侧面也要求有足够的精度，以传递扭矩和起导向作用，如图 5-6 所示。

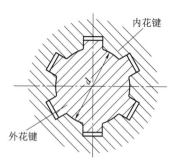

图 5-6 矩形花键的小径定心方式

知识点 5 矩形花键连接的尺寸公差与配合

矩形花键的极限与配合分为一般用途和精密传动两种。内、外花键的尺寸公差带见表 5-4。

花键联结的公差与检测 1

表 5-4 矩形内、外花键的尺寸公差带（摘自 GB/T 1144—2001）

内花键				外花键			装配型式
d	D	B		d	D	B	
		拉削后不进行热处理	拉削后进行热处理				
一般用							
H7	H10	H9	H11	f7	a11	d10	滑动
				g7		f9	紧滑动
				h7		h10	固定
精密传动用							
H5	H10	H7、H9		f5	a11	d8	滑动
				g5		f7	紧滑动
				h5		h8	固定
H6				f6		d8	滑动
				g6		f7	紧滑动
				h6		h8	固定

注：①精密传动用的内花键，当需要控制键侧配合间隙时，键槽宽 B 可选用 H7，一般情况下可选用 H9。
②小径 d 的公差带为 H6ⓔ或 H7ⓔ的内花键，允许与提高一级的外花键配合。

知识点 6　键连接的形位公差与表面粗糙度

1. 普通平键连接的形位公差与表面粗糙度

（1）为保证键侧与键槽侧面之间有足够的接触面积及避免装配困难，应分别规定轴槽和轮毂槽的对称度公差。对称度公差按 GB/T 1184—1996《形状和位置公差　未注公差值》确定，一般取 7~9 级。查键槽的对称度公差表时，公称尺寸是指键宽 b。

（2）键槽配合面的表面粗糙度参数 Ra 的上限值一般取 $1.6~3.2~\mu m$，非配合面 Ra 的上限值取 $6.3~\mu m$。

2. 矩形花键连接的形位公差与表面粗糙度

矩形花键连接表面复杂，键的长宽比值较大，形位误差对装配性能、传递扭矩及运动性能影响很大，是影响花键连接质量的重要因素，因而对其形位误差要加以控制，选用时考虑以下五点：

（1）矩形内、外花键小径定心表面的形状公差和尺寸公差的关系遵守包容要求。

（2）对于花键的分度误差，一般用位置度公差来控制，并采用最大实体原则。位置度公差规定见表 5-5，标注如图 5-7 所示。

表 5-5　矩形花键位置度公差（摘自 GB/T 1144—2001）

mm

键槽宽或键宽 B		3	3.5~6	7~10	12~18
t_1	键槽宽	0.010	0.015	0.020	0.025
	键宽　滑动、固定	0.010	0.015	0.020	0.025
	键宽　紧滑动	0.006	0.010	0.013	0.016

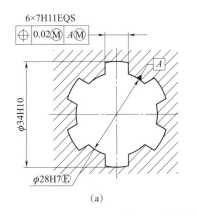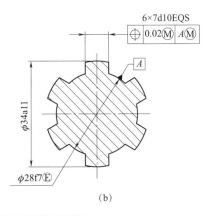

图 5-7　矩形花键位置度公差标注

（a）内花键；（b）外花键

（3）在单件小批生产时，一般规定键或键槽两侧面的中心平面对定心表面轴线的对称度公差和花键等分度公差，并遵守独立原则。此时，应将图 5-7 中的位置度公差改成对称度公差，对称度公差值见表5-6，等分度公差值等于其对称度公差值。键槽宽或键宽的对称度公差标注如图5-8所示。

表5-6 矩形花键对称度公差（摘自 GB/T 1144—2001）

mm

键槽宽或键宽 B		3	3.5~6	7~10	12~18
t_2	一般用	0.010	0.012	0.015	0.018
	精密传动用	0.006	0.008	0.009	0.011

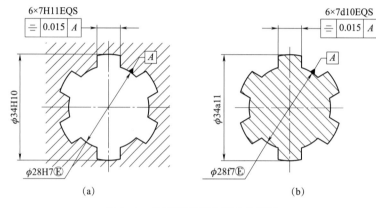

图5-8 矩形花键对称度公差标注
(a) 内花键；(b) 外花键

（4）对于较长的花键，应规定内、外花键各键槽侧面对定心表面轴线的平行度公差，公差值根据产品性能自行确定。

（5）矩形花键表面粗糙度数值见表5-7。

表5-7 矩形花键表面粗糙度数值

μm

加工表面	内花键	外花键
	Ra 不大于	
小径	1.6	0.8
大径	6.3	3.2
键侧	6.3	1.6

知识点 7 矩形花键联结的标注

矩形花键在图样上标注的内容有键数 N、小径 d、键宽 B，其各自的公差带代号和精度等级可根据需要标注在各自的基本尺寸之后，并注明矩形花键标准号 GB/T 1144—2001。

示例：

花键 $N=6$；$d=23\dfrac{\text{H7}}{\text{f7}}$；$D=26\dfrac{\text{H10}}{\text{a11}}$；$B=6\dfrac{\text{H11}}{\text{d10}}$。

花键规格：　　　　　　　　　　$N×d×D×B$

　　　　　　　　　　　　　　　$6×23×26×6$

花键副：　　　　$6×23\dfrac{\text{H7}}{\text{f7}}×26\dfrac{\text{H10}}{\text{a11}}×6\dfrac{\text{H11}}{\text{d10}}$　GB/T 1144—2001

内花键：　　　　$6×23\text{H7}×26\text{H10}×6\text{H11}$　GB/T 1144—2001

外花键：　　　　$6×23\text{f7}×26\text{a11}×6\text{d10}$　GB/T 1144—2001

知识点 8　普通平键、矩形花键的检测

1. 普通平键键槽的检测

单件、小批量生产时，键槽深度和宽度一般用游标卡尺、千分尺等通用量具测量；大批大量生产时，则用如图 5-9 所示的专用量具检验。

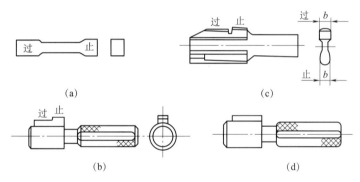

图 5-9　检验键槽的量规

（a）检验键槽宽用的极限量规；（b）检验轮毂槽深用的极限量规；

（c）检验轮毂槽宽度和深度的键槽复合量规；（d）检验轮毂槽对称度的量规

2. 矩形花键的检测

对单件小批生产的内、外花键，可用通用量具按独立原则对尺寸 d、D、B 进行尺寸误差单项测量，对键及键槽的对称度及等分度分别进行形位误差测量；对大批大量生产的内、外花键，可采用综合量规测量，如图 5-10 所示。

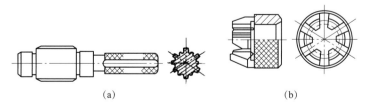

图 5-10　花键综合量规

（a）花键塞规；（b）花键环规

项目六　滚动轴承公差与检测

任务　滚动轴承公差与检测

任 务 引 入

滚动轴承是一种支承轴的部件，具有结构紧凑、摩擦力小等优点，是在机器中被广泛采用的标准件，一般由外圈、内圈、滚动体和保持架组成，如图 6-1 所示。滚动轴承工作时，要求运转平稳、旋转精度高、噪声小。为了保证工作性能，除了轴承本身的制造精度外，还要正确选择轴和外壳孔与轴承的配合、尺寸精度、形位公差和表面粗糙度等。我国发布的相关国家标准有：GB/T 307.1—2005《滚动轴承　向心轴承　公差》、GB/T 307.4—2002《滚动轴承　推力轴承　公差》、GB/T 275—2015《滚动轴承　配合》等。

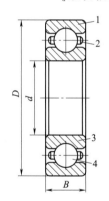

图 6-1　滚动轴承标准件

1—外圈；2—内圈；3—滚动体；4—保持架

学 习 目 标

（1）掌握滚动轴承的公差等级。

（2）掌握滚动轴承内外径及相配合轴颈、外壳孔的公差带。

（3）掌握选择滚动轴承配合时应考虑的因素。

（4）掌握与滚动轴承配合的轴颈和外壳孔的精度确定。

（5）培养学生制造强国、科技强国的使命担当意识。

任务分组

学生任务分配表

班级		组号		指导教师	
组长		学号			
组员	姓名	学号	姓名	学号	

获取信息

引导问题 1：滚动轴承的公差等级

（1）滚动轴承的精度有哪几个等级？哪个等级应用最广泛？

（2）滚动轴承与轴颈、外壳孔配合分别采用何种配合制？

引导问题 2：滚动轴承内外径及相配合轴颈、外壳孔的公差带

画出滚动轴承内、外径公差带。

引导问题 3：选择滚动轴承配合时应考虑的因素

（1）选择滚动轴承配合时应考虑哪些因素？

（2）选择轴承与轴颈、外壳孔配合时主要考虑哪些因素？

_____

_____

_____

（3）滚动轴承工作条件主要有哪几个因素？

_____

_____

_____

（4）在实际生产中，影响滚动轴承配合选用的因素较多，主要有哪些？

_____

_____

_____

引导问题 4：与滚动轴承配合的轴颈和外壳孔的精度确定

（1）简述安装和拆卸轴承的条件。

_____

_____

_____

（2）滚动轴承内圈与轴颈的配合同国家标准《极限与配合》中基孔制同名配合相比，在配合性质上有何变化？为什么？

_____

_____

_____

_____

学 习 心 得

_____

_____

_____

_____

_____

_____

评价反馈

各组代表展示作品，介绍任务的完成过程。作品展示前应准备阐述材料，并完成评价表。

学生自评表

任务	完成情况记录
任务是否按计划时间完成	
相关理论完成情况	
技能训练情况	
任务完成情况	
任务创新情况	
材料上交情况	
收获	

学生互评表

序号	评价项目	小组互评	教师评价	点评
1				
2				
3				
4				
5				
6				

教师评价表

序号	评价项目	自我评价	互相评价	教师评价	综合评价
1	学习准备				
2	引导问题填写				
3	规范操作				
4	完成质量				
5	关键操作要领掌握				
6	完成速度				
7	参与讨论的主动性				
8	沟通协作				
9	展示汇报				

注：评价档次统一采用 A（优秀）、B（良好）、C（合格）、D（努力）4 个。

知 识 链 接

知识点1　滚动轴承的公差等级

滚动轴承的公差等级由轴承的尺寸公差与旋转精度决定。尺寸公差是指成套轴承的内、外径和宽度的尺寸公差；旋转精度主要是指轴承内、外圈的径向跳动、端面对滚道的跳动和端面对内孔的跳动等。

GB/T 307.1—2005将向心轴承（圆锥滚子轴承除外）分为0、6、5、4、2五级，圆锥滚子轴承分为0、6x、5、4四级。GB/T 307.4—2002将推力轴承分为0、6、5、4四级。公差等级按0、6、6x、5、4、2依次由低到高排列。

滚动轴承各精度级的应用大致如下：

0级（普通级）轴承用在中等精度、中等转速和旋转精度要求不高的一般机构中，它在机械产品中应用十分广泛。如用于普通机床中的变速机构、进给机构、水泵、压缩机等一般通用机器的旋转机构中等。

6、6x级（中等级）轴承用于旋转精度和转速较高的旋转机构中。如普通机床的主轴后轴承、精密机床传动轴使用的轴承。

5、4级（精密级）轴承应用于旋转精度和转速高的旋转机构中。如精密机床的主轴轴承、精密仪器和机械使用的轴承。普通机床主轴的前轴承精度等级通常比主轴后轴承高一级，即用5级。

2级（超精级）轴承应用于旋转精度和转速很高的旋转机构中。如坐标镗床的主轴轴承、高精度仪器和高转速机构中使用的轴承。

知识点2　滚动轴承内外径及相配合轴径、外壳孔的公差带

1. 滚动轴承内、外径的公差带

滚动轴承的内圈和外圈都是薄壁零件，在制造和保管过程中容易变形，但当轴承内圈与轴、外圈与外壳孔装配后，这种微量的变形又能得到一定的矫正。因此，国家标准对轴承内径和外径尺寸公差做了两种规定：

滚动轴承的公差与配合

（1）规定了内、外径尺寸的最大值和最小值所允许的极限，即单一内、外径偏差，主要目的是限制自由状态下的变形量。

（2）规定内、外径实际量得的最大值和最小值的平均值偏差，即单一平面平均内、外径偏差，目的是控制配合状态下的变形量。

轴承内、外径尺寸公差的特点是采用单向制，所有公差等级的公差带都单向配置在零线下侧，即上偏差为零、下偏差为负值，如图6-2所示。

滚动轴承内圈与轴颈配合采用基孔制，外圈与外壳孔配合采用基轴制。在国家标准《极限与配合》中，基准孔的公差带在零线之上，而轴承内孔虽然也是基准孔，但其所有公差等级的公差带都在零线之下。因此，轴承内圈与轴颈配合，比《极限与配合》中基孔制同名配合要紧一些。轴承外径的公差带与《极限与配合》基轴制的基准轴基本偏差相同，

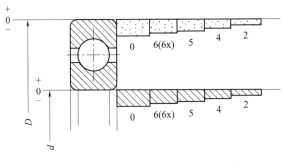

图 6-2　滚动轴承内、外径公差带

但两者的公差数值不同。因此，轴承外圈与外壳孔配合基本保持了《极限与配合》中同名配合的配合性质。

2. 与滚动轴承配合的轴颈、外壳孔公差带

GB/T 275—2015《滚动轴承　配合》规定的常用公差带图如图 6-3 所示。

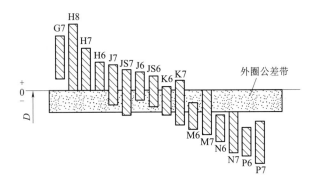

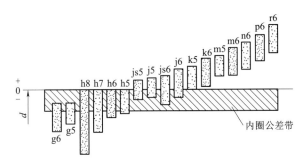

图 6-3　滚动轴承与轴颈、外壳孔配合的常用公差带

知识点 3　选择滚动轴承配合时应考虑的因素

正确合理地选用滚动轴承与轴颈和外壳孔的配合，对保证机器正常运转、延长轴承的使用寿命、发挥其承载能力有很大关系。因此，选用轴颈与外壳孔公差带时，主要考虑以下因素。

1. 负荷类型

对各种工作情况下的滚动轴承进行受力分析，可知轴承套圈（内、外圈统称）承受三种类型的负荷，如图6-4所示。

1）定向负荷

作用于轴承上的合成径向负荷与套圈相对静止，方向不变地作用在该套圈的局部滚道上，如一般机械固定套圈承受的负荷。

2）旋转负荷

作用于轴承上的合成径向负荷与套圈相对旋转，并顺次作用在该套圈的整个圆周滚道上，如一般机械上与旋转件结合的套圈所承受的负荷。

3）摆动负荷

大小和方向按一定规律变化的合成径向负荷依次往复地作用在套圈滚道的一段区域上，如振动筛与振动料斗使用的轴承。

滚动轴承
的选择

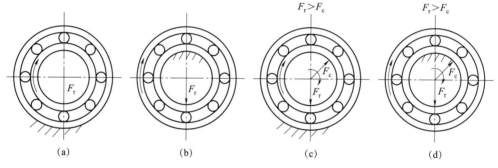

图6-4 轴承套圈承受的负荷类型

（a）内圈：旋转负荷 外圈：定向负荷；（b）内圈：定向负荷 外圈：旋转负荷；（c）内圈：旋转负荷 外圈：摆动负荷；（d）内圈：摆动负荷 外圈：旋转负荷

当套圈受定向负荷时，配合一般应选得松些，甚至可有不大的间隙，以便在滚动体摩擦力矩的作用下，使套圈有可能产生少许转动，从而改变受力状态，使滚道磨损均匀，延长轴承的使用寿命。一般选用过渡配合或具有极小间隙的间隙配合。

当套圈受旋转负荷时，为了防止套圈在轴颈上或外壳孔的配合表面上打滑，引起配合表面发热、磨损，配合应选得紧些，可选过盈量较小的过盈配合或过盈量较大的过渡配合。

当套圈受摆动负荷时，一般与受旋转负荷的配合相同或稍松些。

2. 负荷大小

滚动轴承套圈与轴颈或外壳孔的最小过盈量取决于负荷的大小。当受冲击负荷或重负荷时，一般应选择比正常、轻负荷更紧密的配合。国标对向心轴承负荷的大小用径向当量动负荷 P_r 与径向额定动负荷 C_r 的比值区分，具体见表6-1。

表 6-1　滚动轴承负荷大小

负荷大小	P_r/C_r
轻负荷	≤0.07
正常负荷	>0.07~0.15
重负荷	>0.15

3. 工作条件

其工作条件的影响因素主要有以下几个。

1）工作温度的影响

轴承运转时，由于摩擦发热和散热条件不同等，轴承套圈的温度往往高于与其配合的零件的温度，这样内圈与轴的配合可能松动，外圈与孔的配合可能变紧，所以在考虑轴承的配合时，需要考虑工作温度的影响。

2）旋转精度和旋转速度的影响

当机器要求有较高的旋转精度时，相应地要选用较高精度等级的轴承，因此，与轴承配合的轴颈和外壳孔，也要选择较高精度的标准公差等级。对于承受负荷较大且要求较高旋转精度的轴承，为了消除弹性变形和振动的影响，应避免采用间隙配合；而对一些精密机床的轻负荷轴承，为了避免孔和轴的形状误差对轴承精度的影响，常采用有间隙的配合。

4. 轴和外壳孔的结构与材料

为了装卸方便，可选用剖分式外壳，如果剖分式外壳与外圈采用的配合较紧，会使外圈产生椭圆变形，因此宜采用较松配合。当轴承安装在薄壁外壳、轻合金外壳或薄壁的空心轴上时，为了保证轴承工作有足够的支承刚度和强度，所采用的配合应比装在厚壁外壳、铸铁外壳或实心轴上时紧一些。

5. 安装和拆卸轴承的条件

考虑到轴承安装和拆卸的方便，宜采用较松的配合，这点对重型机械用的大型或特大型轴承尤为重要。如果既要求装拆方便，又需紧配合，则可采用分离型轴承，或采用内圈带锥孔、带紧定套和退卸套的轴承。

知识点 4　与滚动轴承配合的轴颈和外壳孔的精度确定

1. 与滚动轴承配合的孔、轴尺寸公差带

影响滚动轴承配合选用的因素较多，在实际生产中常用类比法确定。GB/T 275—2015《滚动轴承　配合》规定的公差带见表 6-2 和表 6-3，可供参考。

表 6-2　向心轴承和轴的配合　轴公差带代号（摘自 GB/T 275—2015）

圆柱孔轴承					
运转状态		负荷状态	深沟球轴承、调心球轴承和角接触球轴承	圆柱滚子轴承和圆锥滚子轴承	调心滚子轴承	公差带
说明	举例		轴承公称内径/mm		
旋转的内圈负荷及摆动负荷	一般通用机械、电动机、机床主轴、泵、内燃机、直齿轮传动装置、铁路机车车辆油箱、破碎机等	轻负荷	≤18 >18~100 >100~200 —	— ≤40 >40~140 >140~200	— ≤40 >40~100 >100~200	h5 j6① k6① m6①
		正常负荷	≤18 >18~100 >100~140 >140~200 >200~280 — —	— ≤40 >40~100 >100~140 >140~200 >200~400 —	— ≤40 >40~65 >65~100 >100~140 >140~280 >280~500	j5 js5 k5② m5② m6 n6 p6 r6
		重负荷	>50~140 >140~200 >200 —	>50~100 >100~140 >140~200 >200	n6 p6③ r6 r7
固定的内圈负荷	静止轴上的各种轮子、张紧轮绳轮、振动筛、惯性振动器	所有负荷	所有尺寸			f6 g6① h6 j6
仅有轴向负荷			所有尺寸			j6 js6
圆锥孔轴承					
所有负荷	铁路机车车辆轴箱		装在退卸套上的所有尺寸			h8(IT6)⑤④
	一般机械传动		装在紧定套上的所有尺寸			h9(IT7)⑤④

① 凡对精度有较高要求的场合，应用 j5、j6 代替 j6、k6。

② 圆锥滚子轴承、角接触球轴承配合对游隙影响不大，可用 k6、m6 代替 k5、m5。

③ 重负荷下轴承游隙应选大于 0 组。

④ 凡有较高精度或转速要求的场合，应选用 h7（IT5）代替 h8（IT6）等。

⑤ IT6、IT7 表示圆柱度公差数值。

表 6-3　向心轴承和外壳孔的配合　孔公差带代号（摘自 GB/T 275—2015）

运转状态		负荷状态	其他状态	公差带[1]	
说明	举例			球轴承	滚子轴承
固定的外圈负荷	一般机械、铁路机车车辆轴箱、电动机、泵、曲轴主轴承	轻、正常、重	轴向易移动，可采用剖分式外壳	H7、G7[2]	
		冲击	轴向能移动，可采用整体或剖分式外壳	J7、JS7	
摆动负荷		轻、正常			
		正常、重		K7	
		冲击		M7	
旋转的外圈负荷	张紧滑轮、轮毂轴承	轻	轴向不移动，采用整体式外壳	J7	K7
		正常		K7、M7	M7、N7
		重		—	N7、P7

①并列公差带随尺寸的增大从左至右选择，对旋转精度有较高要求时，可相应提高一个公差等级。
②不适用于剖分式外壳。

2. 配合表面的其他要求

GB/T 275—2015 规定了与轴承配合的轴颈和外壳孔表面的圆柱度公差、轴肩及外壳孔端面的端面跳动公差、各表面的表面粗糙度要求等，见表 6-4 和表 6-5。

表 6-4　轴和外壳的形位公差（摘自 GB/T 275—2015）

公称尺寸/mm		圆柱度 t				端面圆跳动 t_1			
		轴颈		外壳孔		轴肩		外壳孔肩	
		轴承公差等级							
		0	6 (6x)	0	6 (6x)	0	6 (6x)	0	6 (6x)
大于	至	公差值/μm							
	6	2.5	1.5	4	2.5	5	3	8	5
6	10	2.5	1.5	4	2.5	6	4	10	6
10	18	3.0	2.0	5	3.0	8	5	12	8
18	30	4.0	2.5	6	4.0	10	6	15	10
30	50	4.0	2.5	7	4.0	12	8	20	12
50	80	5.0	3.0	8	5.0	15	10	25	15
80	120	6.0	4.0	10	6.0	15	10	25	15
120	180	8.0	5.0	12	8.0	20	12	30	20
180	250	10.0	7.0	14	10.0	20	12	30	20

续表

公称尺寸/mm		圆柱度 t				端面圆跳动 t_1			
		轴颈		外壳孔		轴肩		外壳孔肩	
		轴承公差等级							
		0	6 (6x)	0	6 (6x)	0	6 (6x)	0	6 (6x)
大于	至	公差值/μm							
250	315	12.0	8.0	16	12.0	25	15	40	25
315	400	13.0	9.0	18	13.0	25	15	40	25
400	500	15.0	10.0	20	15.0	25	15	40	25

表 6-5　配合面的表面粗糙度（摘自 GB/T 275—2015）

轴或轴承座直径/mm		轴或外壳配合表面直径公差等级								
		IT7			IT6			IT5		
		表面粗糙度/μm								
大于	至	Rz	Ra		Rz	Ra		Rz	Ra	
			磨	车		磨	车		磨	车
	80	10	1.6	3.2	6.3	0.8	1.6	4	0.4	0.8
80	500	16	1.6	3.2	10	1.6	3.2	6.3	0.8	1.6
端面		25	3.2	6.3	25	3.2	6.3	10	1.6	3.2

项目七 螺纹公差与检测

任务 螺纹公差与检测

任务引入

如图 7-1 所示，从该轴的标注中可以看到，右部分是外螺纹，标注为 Tr42×6-8G，根据标注内容完成该螺纹的测量。

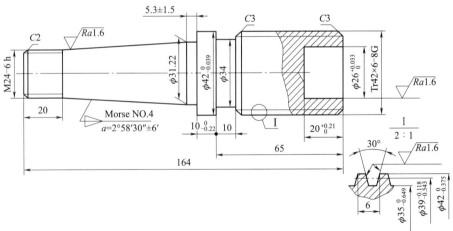

图 7-1 零件图

学习目标

（1）熟悉螺纹几何参数对互换性的影响。

（2）掌握螺纹公差。

（3）掌握作用中径及螺纹合格性的判定。

（4）熟悉工具显微镜、螺纹千分尺的结构和使用方法等。

（5）熟练掌握工具显微镜、螺纹千分尺、三针法测量中径的操作方法。

（6）能查阅国家相关计量标准，并能正确分析零件精度要求。

（7）能够依据测量任务选择测量器具，设计测量方案。

（8）能检测零件螺距、中径、牙侧角并会进行测量数据的误差处理，进而判别零件的合格性。

（9）培养学生细致、严谨的工作作风。

任 务 分 组

学生任务分配表

班级		组号		指导教师	
组长		学号			
组员	姓名	学号		姓名	学号

获 取 信 息

引导问题 1：螺纹的种类和使用要求

（1）螺纹种类按用途可以分为哪几种？

_____

_____

（2）影响螺纹结合功能要求的主要加工误差有哪些？

_____

_____

引导问题 2：螺纹的基本牙型和几何参数

（1）普通螺纹的公称直径是什么？

_____

_____

（2）简述牙型角和牙型半角的关系。

_____

_____

引导问题 3：普通螺纹几何参数对互换性的影响

（1）影响螺纹互换性的参数有哪几项？

（2）为什么要把螺距误差和牙型半角误差折算成中径上的当量值？其计算关系如何？

引导问题 4：保证普通螺纹互换性的条件

（1）螺纹中径、单一中径与作用中径三者有何区别和联系？

（2）保证螺纹互换性的条件是什么？

（3）普通螺纹的实际中径在中径极限尺寸内，中径是否一定合格？为什么？

（4）内、外螺纹中径是否合格的判断原则是什么？

引导问题 5：螺纹公差带

（1）对于普通紧固螺纹，标准中为什么不单独规定螺距公差与牙型半角公差？

（2）普通螺纹结合中，内、外螺纹中径公差是如何构成的？

（3）为什么称中径公差为综合公差？

引导问题6：螺纹的旋合长度和精度等级

（1）螺纹的旋合长度分为哪几种？

（2）简述螺纹不同精度等级的应用场合。

引导问题7：普通螺纹公差和配合的选用

（1）简述螺纹公差带代号与孔、轴的区别。

（2）螺纹的完整标注包括哪几部分？

工作实施

引导问题8：用三针测量法测量梯形（普通）螺纹中径

（1）量仪规格及有关参数。

仪器名称		测量范围	
分度值		三针直径	

（2）数据记录与处理。

实验项目		Tr42×6-8G	M24-6h
中径实际 测量值	1		
	2		
	3		
	4		
平均值			

（3）测量结果判断分析。

_____

_____

_____

_____

引导问题9：用螺纹千分尺测量普通外螺纹中径

（1）量仪规格及有关参数。

仪器名称		测量范围	
分度值			

（2）数据记录与处理。

实验项目		Tr42×6-8G	M24-6h
中径实际 测量值	1		
	2		
	3		
	4		
平均值			

（3）测量结果判断分析。

_____

_____

_____

_____

_____

引导问题 10：用工具显微镜测量螺距、中径、牙侧角

（1）数据记录与处理。

实验项目		Tr42×6-8G	M24-6h
牙侧角测量值	1		
	2		
	3		
	4		
平均值			
中径实际测量值	1		
	2		
	3		
	4		
平均值			
螺距实际测量值	1		
	2		
	3		
	4		
平均值			

（2）简述其测量原理。

_____

_____

_____

_____

_____

（3）测量结果判断分析。

_____

_____

_____

_____

_____

_____

评 价 反 馈

各组代表展示作品，介绍任务的完成过程。作品展示前应准备阐述材料，并完成评价表。

学生自评表

任务	完成情况记录
任务是否按计划时间完成	
相关理论完成情况	
技能训练情况	
任务完成情况	
任务创新情况	
材料上交情况	
收获	

学生互评表

序号	评价项目	小组互评	教师评价	点评
1				
2				
3				
4				
5				
6				

教师评价表

序号	评价项目	自我评价	互相评价	教师评价	综合评价
1	学习准备				
2	引导问题填写				
3	规范操作				
4	完成质量				
5	关键操作要领掌握				
6	完成速度				
7	参与讨论的主动性				
8	沟通协作				
9	展示汇报				

注：评价档次统一采用 A（优秀）、B（良好）、C（合格）、D（努力）4 个。

知 识 链 接

知识点 1　螺纹的种类和使用要求

螺纹接合在机器制造和仪器制造中应用最为广泛，为了满足螺纹的精度使用要求，保证其互换性，我国发布了一系列有关普通螺纹的国家标准：GB/T 192—2013《普通螺纹　基本牙型》、GB/T 193—2013《普通螺纹　直径与螺距系列》、GB/T 196—2013《普通螺纹　基本尺寸》、GB/T 197—2013《普通螺纹　公差》等。

按其用途不同，螺纹主要分为以下三大类。

1. 紧固螺纹

紧固螺纹用于紧固或连接零件，如公制普通螺纹等，是使用最广泛的一种螺纹接合。对这类螺纹的使用要求是良好的可旋合性和足够的连接强度。

螺纹的分类
和使用要求

2. 传动螺纹

传动螺纹用于传递力和精确的位移，如丝杠等。对这类螺纹的使用要求是传递动力的可靠性和传动比的稳定性。

3. 紧密螺纹

紧密螺纹是用于密封的螺纹接合。对这类螺纹的使用要求是密封性和连接强度。

知识点 2　螺纹的基本牙型和几何参数

GB/T 192—2013 规定普通螺纹的基本牙型是指截去原始正三角形的顶部（H/8）和底部（H/4）所形成的螺纹牙型，如图 7-2 所示。

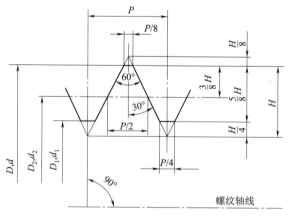

图 7-2　普通螺纹的基本牙型

1. 大径（d、D）

大径是指与外螺纹牙顶或内螺纹牙底相重合的假想圆柱面的直径。国家标准规定普通螺纹的公称直径是指螺纹大径的基本尺寸，具体见表 7-1。

表 7-1　普通螺纹的基本尺寸（摘自 GB/T 196—2003）

mm

公称直径 D、d	螺距 P	中径 D_2 或 d_2	小径 D_1 或 d_1	公称直径 D、d	螺距 P	中径 D_2 或 d_2	小径 D_1 或 d_1
20	2.5	18.376	17.294	30	3.5	37.727	26.211
	2	18.701	17.835		2	28.701	27.835
	1.5	19.026	18.376		1.5	29.026	28.376
	1	19.350	18.917		1	29.350	28.917
24	3	22.051	20.752	36	4	33.402	31.670
	2	22.701	21.835		3	34.051	32.752
	1.5	23.026	22.376		2	34.701	33.835
	1	23.350	22.917		1.5	35.026	34.376

2. 小径（d_1、D_1）

小径是指与外螺纹牙底或内螺纹牙顶相重合的假想圆柱面的直径。

3. 中径（d_2、D_2）

中径是一个假想圆柱的直径，该圆柱的母线通过牙型上沟槽和凸起宽度相等的地方。

4. 单一中径（d_{2a}、D_{2a}）

单一中径是一个假想圆柱的直径，该圆柱的母线通过牙型上沟槽的宽度等于螺距基本尺寸一半的地方。当螺距无误差时，中径就是单一中径；当螺距有误差时，两者不相等。单一中径通常近似看作是螺纹实际中径。

螺纹的主要
几何参数

5. 螺距 P

螺距是指螺纹相邻两牙在中径线上对应两点间的轴向距离。螺距应按 GB/T 193—2013 规定的系列选取，见表 7-2。

表 7-2　普通螺纹的公称直径和螺距（摘自 GB/T 193—2013）

mm

公称直径 D、d			螺距 P					
第一系列	第二系列	第三系列	粗牙	细牙				
10			1.5	1.25	1	0.75	(0.5)	
		11	(1.5)		1	0.75	(0.5)	
12			1.75	1.5	1.25	1	(0.75)	(0.5)
	14		2	1.5	1.25	1	(0.75)	(0.5)
		15		1.5		(1)		
16			2	1.5		1	(0.75)	(0.5)

续表

公称直径 D、d			螺距 P					
第一系列	第二系列	第三系列	粗牙	细牙				
		17	1.5			(1)		
	18		2.5	2	1.5	1	(0.75)	(0.5)
20			2.5	2	1.5	1	(0.75)	(0.5)
	22		2.5	2	1.5	1	(0.75)	(0.5)
24			3	2	1.5	1	(0.75)	
	27		3	2	1.5	1	(0.75)	
30			3.5	(3)	2	1.5	1	(0.75)

注：优先选用第一系列，括号内螺距尽量不用。

6. 牙型角 α 和牙侧角 α_1、α_2

牙型角是指在螺纹牙型上相邻两牙侧间的夹角，普通螺纹牙型角为 60°。牙型角的一半称为牙型半角。

牙侧角是指在螺纹牙型上牙侧与螺纹轴线的垂线间的夹角，左、右牙侧角分别用 α_1、α_2 表示。牙侧角基本值与牙型半角相等。普通螺纹牙侧角基本值为 30°。

7. 螺纹旋合长度

螺纹旋合长度是指两个相互配合的螺纹，沿螺纹轴线方向相互旋合部分的长度。通常，若被连接件为铁制品，则取其长度近似等于 1.5 倍的螺纹大径；若被连接件为钢制品，则取其长度近似等于 1 倍的螺纹大径。

8. 螺纹接触高度

螺纹接触高度是指在两个相互配合螺纹的牙型上，牙侧重合部分在垂直于螺纹轴线方向上的距离。

知识点 3 普通螺纹几何参数对互换性的影响

要实现普通螺纹的互换性，保证结合精度，则要求相同规格的内、外螺纹在装配过程中具有良好的可旋合性以及在使用过程中具有足够的连接强度。由于标准规定螺纹的大径及小径处均留有一定的间隙，不会影响旋合性，因此影响螺纹互换性的主要参数是螺距、中径和牙侧角。

螺纹几何参数
对互换性的影响

1. 螺距误差的影响

螺距误差分螺距累积误差 $\Delta P_{\sum}$（指在规定的旋合长度内螺距误差的累积值）和单个螺距偏差 ΔP（指单个螺距的实际尺寸与其公称尺寸之差的最大值）两种。前者与旋合长度有关，后者与旋合长度无关，且前者是影响互换性的主要因素。

如图 7-3 所示，假定内螺纹具有理想牙型，外螺纹仅存在螺距误差，螺纹产生干涉而无法旋合。为了使具有螺距误差的外螺纹能够旋入具有理想牙型的内螺纹，就必须把外螺纹的中径减小一个数值 f_P。

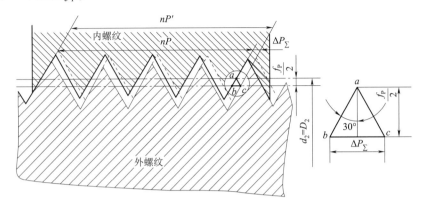

图 7-3　螺距误差对互换性的影响

同理，当内螺纹有螺距误差时，为了保证可旋合性，就必须把内螺纹的中径加大一个数值 F_P。f_P（或 F_P）称为螺距误差的中径当量。由图 7-3 所示的 $\triangle abc$ 中可求出 f_P（或 F_P）与 $\Delta P_{\sum}$ 的关系如下：

$$f_P(F_P) = 1.732\,|\Delta P_{\sum}| \tag{7-1}$$

2. 牙侧角偏差的影响

牙侧角偏差是指牙侧角的实际值与基本值之差，它包括螺纹牙侧的形状误差和牙侧相对于螺纹轴线的位置误差。牙侧角偏差对螺纹的旋合性和连接强度均有影响，应加以限制。

如图 7-4 所示，假定内螺纹具有理想牙型，外螺纹仅存在牙侧角偏差，在小径或大径牙侧处会产生干涉而不能旋合。为了消除干涉，保证旋合性，就必须将外螺纹中径减少一个数值 f_α 或将内螺纹中径加大一个数值 F_α，这个 f_α（F_α）就是为补偿牙侧角偏差而折算到中径上的数值，称为牙侧角偏差的中径当量。

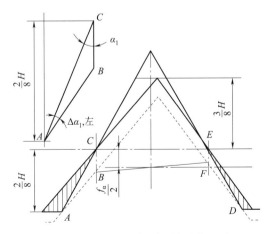

图 7-4　牙侧角偏差对互换性的影响

根据任意三角形的正弦定理可推导出 f_α（F_α）与 $\Delta\alpha_1$、$\Delta\alpha_2$ 的关系如下：

$$f_\alpha\ (F_\alpha)\ =0.073P\ (K_1|\Delta\alpha_1|+K_2|\Delta\alpha_2|)\ (\mu m) \tag{7-2}$$

式中　　P——螺距公称值，单位为 mm；

$\Delta\alpha_1$，$\Delta\alpha_2$——左、右牙侧角偏差，单位为分（'）；

　K_1，K_2——左、右牙侧角偏差补偿系数。

对外螺纹，当 $\Delta\alpha_1$ 或 $\Delta\alpha_2$ 为正值时，K_1 和 K_2 值取 2；当 $\Delta\alpha_1$ 或 $\Delta\alpha_2$ 为负值时，K_1 和 K_2 值取 3。

对内螺纹，当 $\Delta\alpha_1$ 或 $\Delta\alpha_2$ 为正值时，K_1 和 K_2 值取 3；当 $\Delta\alpha_1$ 或 $\Delta\alpha_2$ 为负值时，K_1 和 K_2 值取 2。

3. 螺纹中径误差的影响

在制造螺纹时，中径不可避免地会出现误差。当外螺纹的中径大于内螺纹的中径时，内、外螺纹将因产生干涉而妨碍旋合性；反之，若外螺纹的中径比内螺纹的中径小得多，又会使螺纹配合太松，牙侧接触不好，降低连接的可靠性。因此，对螺纹中径误差应加以限制。

知识点 4　保证普通螺纹互换性的条件

1. 作用中径的概念

作用中径是指螺纹配合中实际起作用的中径。当有螺距累积误差、牙侧角偏差的外螺纹与具有理想牙型的内螺纹旋合时，旋合变紧，其效果好像外螺纹的中径增大了，这个增大了的假想中径是与内螺纹旋合时起作用的中径，称为外螺纹的作用中径，以 d_{2m} 表示，它等于外螺纹的单一中径与螺距累积误差、牙侧角偏差中径当量之和，即

$$d_{2m}=d_{2a}+f_P+f_\alpha \tag{7-3}$$

同理，当有螺距累积误差和牙侧角偏差的内螺纹与具有理想牙型的外螺纹旋合时，旋合也变紧了，其效果好像内螺纹中径减小了。这个减小了的假想中径是与外螺纹旋合时起作用的中径，称为内螺纹的作用中径，以 D_{2m} 表示，它等于内螺纹的单一中径与螺距累积误差、牙侧角偏差中径当量之差，即

$$D_{2m}=D_{2s}-(F_P+F_\alpha) \tag{7-4}$$

2. 保证螺纹互换性的条件

螺距累积误差和牙侧角偏差的影响均可折算为中径当量值，因此要实现螺纹结合的互换性，螺纹中径必须合格。

判断螺纹中径合格性应遵循泰勒原则，即实际螺纹作用中径不能超出最大实体牙型的中径，而实际螺纹上任一部位的单一中径不能超出最小实体牙型的中径。

用公式表示如下：

对外螺纹：　　　　$d_{2m}\leqslant d_{2max}$，$d_{2s}\geqslant d_{2min}$ 　　　　(7-5)

对内螺纹：　　　　$D_{2m}\geqslant D_{2min}$，$D_{2s}\leqslant D_{2max}$ 　　　　(7-6)

知识点 5　螺纹公差带

普通螺纹的
公差带

GB/T 197—2003 对普通螺纹的公差等级和基本偏差做了规定。

1. 公差等级

螺纹的公差等级见表 7-3，其中 6 级为基本级，3 级等级最高，9 级等级最低，各级公差值见表 7-4 和表 7-5。由于内螺纹加工比较困难，故在同一公差等级中，内螺纹中径公差比外螺纹中径公差大 32%。

表 7-3　普通螺纹公差等级（摘自 GB/T 197—2003）

螺纹直径	公差等级
外螺纹中 d_2	3, 4, 5, 6, 7, 8, 9
外螺纹大径 d	4, 6, 8
内螺纹中径 D_2	4, 5, 6, 7, 8
内螺纹小径 D_1	4, 5, 6, 7, 8

表 7-4　普通螺纹中径公差（摘自 GB/T 197—2003）

μm

公称直径 D (d) /mm		螺距	内螺纹中径公差 T_{D2}					外螺纹中径公差 T_{d2}						
			公差等级					公差等级						
>	≤	P/mm	4	5	6	7	8	3	4	5	6	7	8	9
5.6	11.2	0.75	85	106	132	170	—	50	63	80	100	120	—	—
		1	95	118	150	190	236	56	71	95	112	140	180	224
		1.25	100	125	160	200	250	60	75	95	118	150	190	236
		1.5	112	140	180	224	280	67	85	106	132	170	212	295
11.2	22.4	1	100	125	160	200	250	60	75	95	118	150	190	236
		1.25	112	140	180	224	280	67	85	106	132	170	212	265
		1.5	118	150	190	236	300	71	90	112	140	180	224	280
		1.75	125	160	200	250	315	75	95	118	150	190	236	300
		2	132	170	212	—	63	80	100	125	160	200	250	315
		2.5	140	180	224	280	355	85	106	132	170	212	265	335
22.4	45	1	106	132	170	212	—	63	80	100	125	160	200	250
		1.5	125	160	200	250	315	75	95	118	150	190	236	300
		2	140	180	224	280	355	85	106	132	170	212	265	335
		3	170	212	265	335	425	100	125	160	200	250	315	400
		3.5	180	224	280	355	450	106	132	170	212	265	335	425
		4	190	236	300	375	415	112	140	180	224	280	355	450
		4.5	200	250	315	400	500	118	150	190	236	300	375	475

表 7-5　普通螺纹基本偏差和顶径公差（摘自 GB/T 197—2003）

μm

螺距 P/mm	内螺纹的基本偏差 EI		外螺纹的基本偏差 es				内螺纹小径公差 T_{D1} 公差等级					外螺纹大径公差 T_d 公差等级		
	G	H	e	f	g	h	4	5	6	7	8	4	6	8
0.75	+22		−56	−38	−22		118	150	190	236	—	90	140	—
0.8	+24		−60	−38	−24		125	160	200	250	315	95	150	236
1	+26		−60	−40	−26		150	190	236	300	375	112	180	280
1.25	+28		−63	−42	−28		170	212	265	335	425	132	212	335
1.5	+32		−67	−45	−32		190	236	300	375	475	150	236	375
1.75	+34	0	−71	−48	−34	0	212	265	335	425	530	170	265	425
2	+38		−71	−52	−38		236	300	375	475	600	180	280	450
2.5	+42		−80	−58	−42		280	355	450	560	710	212	335	530
3	+48		−85	−63	−48		315	400	500	630	800	236	375	600
3.5	+53		−90	−70	−53		355	450	560	710	900	265	425	670
4	+60		−95	−75	−60		375	475	600	750	950	300	475	750

2. 基本偏差

国家标准对内螺纹规定了两种基本偏差，其代号为 G、H，基本偏差为下偏差 EI，如图 7-5 所示；对外螺纹规定了四种基本偏差，其代号为 e、f、g、h，基本偏差为上偏差 es，如图 7-6 所示。

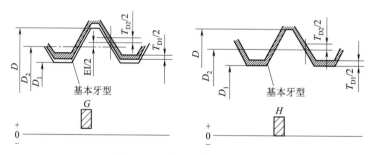

图 7-5　内螺纹的基本偏差

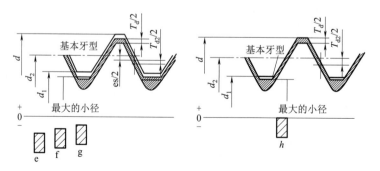

图 7-6　外螺纹的基本偏差

知识点 6　螺纹的旋合长度和精度等级

螺纹的配合精度不仅与公差等级有关，而且与旋合长度有关。

1. 旋合长度

GB/T 197—2003 按螺纹的公称直径和螺距将其对应的旋合长度分为三种，分别称为短旋合长度 S、中等旋合长度 N 和长旋合长度 L。长旋合长度旋合后稳定性好，且有足够的连接强度，但加工精度难以保证，当螺纹误差较大时，会出现难以旋合的现象，多用于软金属制件，如铝合金件的连接。短旋合长度，加工容易保证，但旋合后稳定性较差，通常用于低压电器及防护罩等连接强度要求不高的场合。一般情况下采用中等旋合长度。

2. 精度等级

国标将螺纹精度分为精密级、中等级和粗糙级。精密级用于要求配合性质变动小的地方，中等级用于一般机械，粗糙级用于精度要求不高或加工比较困难的螺纹。螺纹的精度与公差等级在概念上是不同的，同一公差等级的螺纹，若旋合长度不同，则螺纹的精度就不同。在同一螺纹精度下，对不同旋合长度组的螺纹应采用不同的公差等级。一般情况下，S 组比 N 组高一个公差等级，L 组比 N 组低一个公差等级，即螺纹精度等级与公差等级和旋合长度两个因素有关。

普通螺纹的公差与配合的选用

知识点 7　普通螺纹公差和配合的选用

各个公差等级的公差和基本偏差，可以组成内、外螺纹的各种公差带。螺纹的公差带代号与孔、轴不同，公差等级在前，基本偏差字母在后，如 7H、6e 等。在生产实践中，为了减少刀具、量具的数量，GB/T 197—2003 规定了内、外螺纹的选用公差带，见表 7-6 和表 7-7。

表 7-6　内螺纹选用公差带（摘自 GB/T 197—2003）

精度	公差带位置 G			公差带位置 H		
	S	N	L	S	N	L
精密				4H	5H	6H
中等	(5G)	*6G	(7G)	*5H	*6H*	*7H
粗糙		(7G)	(8G)		7H	8H

表 7-7　外螺纹选用公差带（摘自 GB/T 197—2003）

精度	公差带位置 e			公差带位置 f			公差带位置 g			公差带位置 h		
	S	N	L	S	N	L	S	N	L	S	N	L
精密								(4g)	(5g4g)	(3h4h)	*4h	(5h4h)
中等		*6e	(7e6e)		*6f		(5g6g)	*6g*	(7g6g)	(5h6h)	*6h	(7h6h)
粗糙		(8e)	(9e8e)					8g	(9g8g)			

注：1. 大量生产的精制紧固件螺纹，推荐采用带方框的公差带。
　　2. 带 * 的公差带应优先选用，不带 * 的公差带其次，加括号的公差带尽可能不用。

表 7-6 和表 7-7 中有两个公差带代号如 5H6H，前者表示中径公差带代号，后者表示顶径公差带代号。表 7-6 和表 7-7 中只有一个公差带代号如 5H，表示中径和顶径公差带相同。为了保证足够的接触高度，完工后螺纹最好组成 H/h、H/g、G/h 的配合。对于需要涂镀的外螺纹，镀层厚度为 10 μm 时可采用 g，镀层厚度为 20 μm 时采用 f，镀层厚度为 30 μm 时采用 e。当内、外螺纹均需要涂镀时，则采用 G/e 或 G/f 的配合。

螺纹的完整标注由螺纹特征代号、尺寸代号、公差带代号和其他有关信息四部分组成，各部分用"–"隔开。

普通螺纹特征代号用 M 表示；尺寸代号包括公称直径（大径）、螺距，对粗牙螺纹，可省略标注螺距；螺纹公差带代号包括中径公差带代号和顶径公差带代号，若中径和顶径公差带代号相同，则只标注一个；其他有关信息包括螺纹的旋合长度和旋向代号，中等旋合长度可省略标注，而长、短旋合长度要分别注出"L"或"S"，右旋螺纹不标注旋向，而左旋螺纹应注出"LH"。普通螺纹在零件图上的标注示例：

M10×2-6H-L-LH

表示公称直径为 10 mm 的普通细牙内螺纹，螺距为 2 mm，中径和顶径公差带代号为 6H，长旋合长度，左旋螺纹。

在装配图上表示内、外螺纹配合时，内螺纹公差带代号在前，外螺纹公差带代号在后，中间用斜线分开。标注示例如下：

M20-6H/5g6g

表示互相配合的普通粗牙内、外螺纹，公称直径为 20 mm，内螺纹的中径和顶径公差带代号均为 6H，外螺纹中径公差带代号为 5g，顶径公差带代号为 6g，中等旋合长度，右旋。

知识点 8　用三针测量法测量梯形（普通）螺纹中径

1. 使用量仪介绍

测量梯形（普通）螺纹中径使用的量仪为三针、外径千分尺，测量原理如图 7-7 所示。

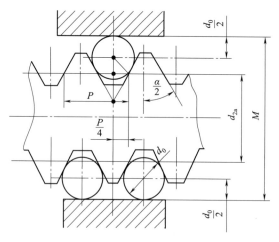

图 7-7　三针量法测量外螺纹单一中径

2. 测量步骤

（1）根据图纸中螺纹的 M 值选择合适规格的公法线千分尺。

（2）擦净零件的被测表面和量具的测量面，按图 7-7 将三针放入螺旋槽中，用公法线千分尺测量值记录读数。

（3）重复步骤（2），在螺纹的不同截面、不同方向多次测量，逐次记录数据。

（4）判断零件的合格性。

知识点 9　用螺纹千分尺测量普通外螺纹中径

1. 使用量仪介绍

测量普通外螺纹中径使用的量仪为螺纹千分尺，如图 7-8 所示。

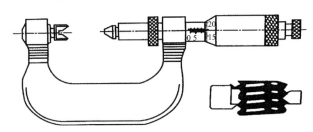

图 7-8　用螺纹千分尺测量外螺纹中径

2. 测量步骤

（1）根据图纸上普通螺纹的基本尺寸，选择合适规格的螺纹千分尺。

（2）测量时，根据被测螺纹螺距大小选择测头的型号，按图 7-8 所示的方式装入螺纹千分尺，并读取零位值。

（3）测量时，应从不同截面、不同方向多次测量螺纹中径，其值从螺纹千分尺中读取后减去零位的代数值，并记录。

（4）查出被测螺纹中径的极限值，判断其中径的合格性。

知识点 10　用工具显微镜测量螺距、中径、牙侧角

1. 使用设备介绍

使用大型工具显微镜测量螺距、中径、牙侧角，显微镜结构如图 7-9 所示。

2. 测量步骤

使用大型工具显微镜测量螺距、中径、牙侧角等的测量步骤如下：

（1）将工件安装在工具显微镜两顶尖之间，同时检查工作台圆周刻度是否对准零位。

（2）接通电源，调节光源及光栏，直到螺纹影像清晰。

（3）旋转手轮，按被测螺纹的螺旋升角调整立柱的倾斜度。

（4）调整目镜上的调节环使米字线、分值刻线清晰，调节仪器的焦距使被测轮廓影像清晰。

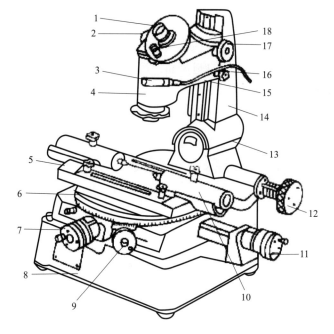

工具显微镜

图 7-9　大型工具显微镜

1—目镜；2—反射照明灯；3—显微镜管；4—顶针架；5—圆工作台；

6，10—读数鼓轮；7—底座；8—圆工作台手轮；9—块规；11—转动手轮；

12—连接座；13—立柱；14—横臂；15—锁紧螺钉；16—手柄

（5）测量螺纹各参数。

1）螺纹中径测量

（1）将立柱顺着螺纹方向倾斜一个螺旋升角 ψ。

（2）找正米字线交点位于牙型沟槽宽度等于基本螺距一半的位置上，如图 7-10 所示。

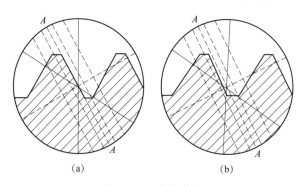

图 7-10　瞄准方法

（a）压线法；（b）对线法

（3）将目镜米字线中两条相交 60° 的斜线分别与牙型影像边缘相压，记录下横向千分尺读数，得到第一个横向数值 a_1、a_2。

（4）将立柱反射旋转到离中心位置一个螺纹升角 ψ，依照上述方法测量另一边影像，得到第二个横向读数 a_3、a_4。

（5）两次横向数值之差，即为螺纹单一中径：$d_{2左}=a_4-a_2$，$d_{2右}=a_3-a_1$，最后取两者平均值作为所测螺纹单一中径。

2）牙侧角的测量

（1）调节目镜视场中米字线的中虚线分别与牙型影像的边缘相压，此时角度目镜中显示的读数如图 7-11 所示，即为牙侧角数值。

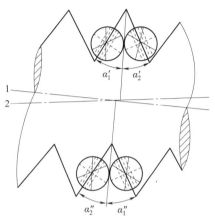

工具显微镜测–
牙侧角

图 7-11 对线测量牙侧角

1—螺纹轴线；2—测量轴线

（2）分别测量相对的两个左牙侧角和两个右牙侧角，取代数和求均值，得出被测螺纹左牙侧角、右牙侧角的数值。

$$\alpha_1 = \frac{\alpha_1' + \alpha_1''}{2}, \quad \alpha_2 = \frac{\alpha_2' + \alpha_2''}{2}$$

3）螺距测量

$$P_{实} = \frac{P_{\sum(左)} + P_{\sum(右)}}{2}$$

（1）使目镜米字线的中心虚线与螺纹牙型的影像一侧相压，如图 7-12 所示。

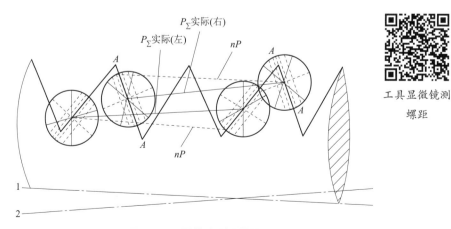

工具显微镜测
螺距

图 7-12 压线法测量螺距

1—螺纹轴线；2—测量轴线

（2）记下纵向千分尺的第一次读数，然后移动纵向工作台，使中虚线与相邻牙的同侧牙型相压，记下第二次读数，两次读数之差即为所测螺距的实际值。

（3）在螺纹牙型左、右两侧进行两次测量，取其平均值作为螺距的实测值。

（4）根据螺纹精度要求，判定螺纹各参数的合格性。

项目八 齿轮误差与检测

任务 齿轮误差与检测

图 8-1 所示为一个装在减速器输出轴上的齿轮工作图的标注示例。齿轮工作图上的必检参数是根据检验项目选择的组合。

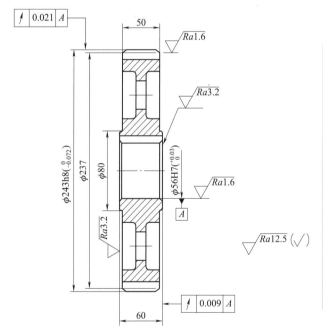

模数	m	3 mm
齿数	z	79
齿形角	α	20°
变位系数	x	0
精度等级		8 GB/T 10095.1—2008
齿距累积总公差	F_P	0.070 mm
齿廓总公差	F_α	0.025 mm
螺旋线总公差	F_β	0.096 mm
单个齿距偏差	F_{pt}	±0.018 mm
齿厚极限偏差	E_{sns}	−0.080 mm
	E_{sni}	−0.193 mm

图 8-1 齿轮工作图

学 习 目 标

（1）认识齿轮，明确齿轮传动的使用要求。
（2）明确圆柱齿轮的评定指标及其测量方法。
（3）明确齿轮误差产生的原因及误差特性。
（4）明确圆柱齿轮的精度标准及其应用。

（5）掌握齿轮精度设计在图样上的标注。

（6）掌握齿轮各指标的测量原理及测量仪器使用步骤。

（7）根据零件图的要求，对实际零件进行检测，并给出测量结果的分析与评价。

（8）培养学生认真负责、一丝不苟的工匠精神。

任务分组

学生任务分配表

班级		组号		指导教师	
组长		学号			
组员	姓名	学号		姓名	学号

获取信息

引导问题1：被测工件的任务分析

（1）被测工件的测量对象有哪些？精度等级分别是什么？

_____

_____

_____

（2）齿轮传动性的使用要求有哪些？

_____

_____

_____

引导问题2：齿轮精度的评定指标

（1）评定渐开线圆柱齿轮精度时评定指标的名称、符号和定义是什么？

_____

_____

_____

（2）影响传递运动准确性的误差参数有哪些？

_____

_____

_____

_____

（3）影响传动平稳性的误差参数有哪些？

（4）影响载荷分布均匀性的误差参数有哪些？

（5）影响齿轮副侧隙的偏差参数有哪些？

引导问题3：齿轮精度标准及其在图样上的标注

（1）渐开线圆柱齿轮的精度等级有几种？

（2）齿轮精度等级的选择应考虑哪些因素？选择的方法是什么？

（3）齿轮的必检精度指标有哪些？

工 作 实 施

引导问题4：齿轮齿厚偏差的测量

（1）简述齿厚、齿顶圆量具名称，以及量具分度值和测量范围。

（2）简述齿厚偏差的测量原理。

（3）被测齿轮齿顶圆参数测量。

齿顶圆公称直径 d_a _____ mm。

分度圆公称弦齿高 h_{nc} _____ mm。

分度圆公称弦齿厚 s_{nc} _____ mm。

齿厚极限偏差 _____ mm。

齿顶圆实际直径 d_a（mm）_____。

齿厚量具的垂直游标尺弦齿高调整尺寸（mm）_____。

（4）测量结果判断分析。

_____

_____

_____

引导问题 5：齿轮公法线长度偏差的测量

（1）简述测量使用量仪名称、量仪测量范围及量仪分度值。

_____

_____

（2）简述用比较法测量公法线长度时所用量块组的尺寸选取。

_____

_____

（3）被测齿轮参数。

测量时跨齿数的计算公式及数值 k _____。

公称公法线长度的计算公式及数值 W _____ mm。

公称公法线长度及其极限偏差 _____ mm。

（4）公法线长度测量数据、数据处理及测量结果。

_____

_____

引导问题 6：齿轮径向跳动的测量

（1）测量使用量仪名称、量仪测量范围及指示表分度值。

_____

_____

（2）被测工件测量结果。

被测齿轮的径向跳动公差 F_r _____ μm。

被测齿轮径向跳动 ΔF_r _____ μm。

测头所在齿槽	指示表示值/μm	测头所在齿槽	指示表示值/μm	测头所在齿槽	指示表示值/μm
1		13		25	
2		14		26	
3		15		27	
4		16		28	
5		17		29	
6		18		30	
7		19		31	
8		20		32	
9		21		33	
10		22		34	
11		23		35	
12		24		36	

（3）测量结果判断分析。

引导问题 7：齿轮齿距累积总偏差和单个齿距偏差的测量

（1）测量使用量仪名称、量仪测量范围及指示表分度值。

（2）齿轮齿距累积总偏差和单个齿距偏差的测量原理。

（3）齿距测量数据（计算法）。

齿距序号 p_i	各齿距处的指示表示值/μm	各示值的平均值/μm	各齿距处示值与平均值的偏差/μm	齿距偏差逐齿累计值/μm
p_1				
p_2				
p_3				
p_4				

续表

齿距序号 p_i	各齿距处的指示表示值/μm	各示值的平均值/μm	各齿距处示值与平均值的偏差/μm	齿距偏差逐齿累计值/μm
p_5				
p_6				
p_7				
p_8				
p_9				
p_{10}				
p_{11}				
p_{12}				
p_{13}				
p_{14}				
p_{15}				
p_{16}				
p_{17}				
p_{18}				
p_{19}				
p_{20}				
p_{21}				
p_{22}				
p_{23}				
p_{24}				
p_{25}				
p_{26}				
p_{27}				

（4）数据处理及测量结果判断分析。

各个齿距的单个齿距偏差中的最大值 Δf_{ptmax} _____ μm。

齿距累积总偏差 ΔF_p _____ μm。

引导问题 8：齿轮径向综合总偏差和一齿径向综合偏差的测量

（1）测量使用量仪名称、量仪测量范围及指示表分度值。

_____

_____

_____

_____

（2）简述测量原理。

_____

_____

_____

_____

（3）被测齿轮测量结果

齿轮径向综合总偏差允许值 F_i'' _____ μm。

一齿径向综合总偏差允许值 f_i'' _____ μm。

齿轮转动一转中指示表最大示值 _____ μm。

指示表最小示值 _____ μm。

被测齿轮径向综合总偏差 $\Delta F_i''$ 的数值 _____ μm。

齿轮在 360°范围于在不同部位转动一个齿距角（360°/z）的指示表示值。

齿距角（360°/z）	指示表最大示值/μm	指示表最小示值/μm	齿轮径向一齿综合偏差 $\Delta f_i''$ 的数值/μm
1			
2			
3			
4			
5			
6			

（4）测量结果判断分析。

_____

_____

_____

_____

_____

评价反馈

各组代表展示作品，介绍任务的完成过程。作品展示前应准备阐述材料，并完成评价表。

学生自评表

任务	完成情况记录
任务是否按计划时间完成	
相关理论完成情况	
技能训练情况	
任务完成情况	
任务创新情况	
材料上交情况	
收获	

学生互评表

序号	评价项目	小组互评	教师评价	点评
1				
2				
3				
4				
5				
6				

教师评价表

序号	评价项目	自我评价	互相评价	教师评价	综合评价
1	学习准备				
2	引导问题填写				
3	规范操作				
4	完成质量				
5	关键操作要领掌握				
6	完成速度				
7	参与讨论的主动性				
8	沟通协作				
9	展示汇报				

注：评价档次统一采用 A（优秀）、B（良好）、C（合格）、D（努力）4 个。

知识链接

知识点 1　齿轮传动的使用要求

齿轮传动被广泛地应用在各种机器和仪表的传动装置中，是一种重要的传动方式。由于机器和仪表的工作性能、使用寿命与齿轮传动的质量密切相关，所以对齿轮传动提出了多项使用要求，归纳起来主要有以下四个方面。

齿轮传动的
使用要求

1. 传递运动的准确性（运动精度）

由于齿轮副的加工误差和安装误差，使从动齿轮的实际转角偏离了理论转角，传动的实际传动比与理论传动比产生差异。传递运动的准确性就是要求从动齿轮在一转范围内的最大转角误差不超过规定的数值，以使齿轮在一转范围内传动比的变化尽量小，从而保证从动轮与主动轮运动协调一致，满足传递运动的准确性要求。

2. 传动平稳性

为了减小齿轮传动中的冲击、振动和噪声，应使齿轮在一齿范围内瞬时传动比（瞬时转角）变化尽量小，以保证传动平稳性要求。

3. 载荷分布的均匀性

齿轮传动中齿面的实际接触面积小，接触不均匀，就会使齿面载荷分布不均匀，引起应力集中，造成局部磨损，缩短齿轮的使用寿命。因此，必须保证啮合齿面沿齿宽和齿高方向的实际接触面积，以满足承载的均匀性要求。

4. 齿侧间隙

齿轮副啮合传动时，非工作齿面间应留有一定的间隙，用以储存润滑油，补偿齿轮的制造误差、安装误差以及热变形和受力变形，防止齿轮传动时出现卡死或烧伤。

不同工作条件和不同用途的齿轮对上述四项使用要求的侧重点会有所不同。

知识点 2　齿轮的评定指标

GB/T 10095.1—2008《轮齿同侧齿面偏差的定义和允许值》、GB/T 10095.2—2008《径向综合偏差和径向跳动的定义和允许值》、GB/Z 18620.1~4—2008《圆柱齿轮检验实施规范》分别给出了齿轮评定项目的允许值，并规定了检测齿轮精度的实施规范。

1. 影响传递运动准确性的误差及测量

影响传递运动准确性的误差主要是长周期误差，国标规定有以下检测项目。

影响传递运动
准确性的误差

1）齿距累积总偏差 ΔF_{p} 和齿距累积偏差 ΔF_{pk}

ΔF_{p} 是指齿轮同侧齿面任意圆弧段（$k=1$ 至 $k=z$）内实际弧长与理论弧长的最大差值，它等于齿距累积偏差的最大偏差 $+\Delta p_{max}$ 与最小偏差 $-\Delta p_{max}$ 的代数差，如图 8-2 所示。ΔF_{pk} 是指 k 个齿距间的实际弧长与理论弧长的最大差值，国标 GB/T 10095.1—2008

中规定 k 的取值范围一般为 $2\sim z/8$，对特殊应用（高速齿轮）可取更小的 k 值。

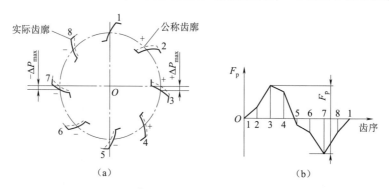

图 8-2　齿距累积总偏差和齿距累积偏差

　　齿距累积总偏差 ΔF_{p} 在测量中是以被测齿轮的轴线为基准，沿分度圆上每齿测量一点，所取点数有限且不连续，但因它可以反映几何偏心和运动偏心造成的综合误差，所以能较全面地评定齿轮传动的准确性。

　　2）径向跳动 ΔF_{r}

　　ΔF_{r} 是指在齿轮一转范围内，将测头（球形、圆柱形、砧形）逐个放置在被测齿轮的齿槽内，在齿高中部双面接触，测头相对于齿轮轴线的最大和最小径向距离之差，如图 8-3 所示。齿圈的径向跳动主要反映几何偏心引起的齿轮径向长周期误差。

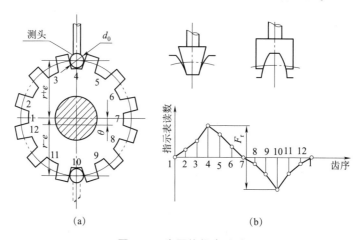

图 8-3　齿圈的径向跳动
（a）球形测头测径向跳动；（b）误差曲线

　　3）径向综合总偏差 $\Delta F_{\mathrm{i}}''$

　　$\Delta F_{\mathrm{i}}''$ 是指被测齿轮与理想精确的测量齿轮双面啮合时，在被测齿轮一转范围内双啮中心距的最大变动量，如图 8-4（b）所示。径向综合总偏差可用双面啮合仪来测量，其工作原理如图 8-4（a）所示。当被测齿轮存在几何偏心和齿、基节偏差时，被测齿轮与测量齿轮双面啮合传动时的中心距就会发生变化，因此，径向综合总偏差 $\Delta F_{\mathrm{i}}''$ 主要反映几何偏心造成的径向长周期误差和齿廓偏差、基节偏差等短周期误差，广泛用于批量生产中一般精度齿轮的测量。

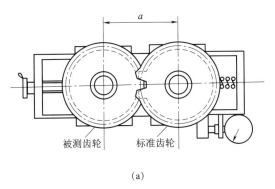

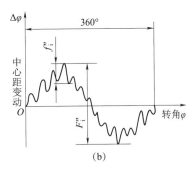

图 8-4 双面啮合仪测量径向综合误差

2. 影响传动平稳性的误差及测量

影响传递运动平稳性的误差主要是由刀具误差和机床传动链误差造成的短周期误差，国标规定了以下的检测项目。

1）一齿径向综合偏差 $\Delta f_i''$

影响传动平
稳性的误差

$\Delta f_i''$ 是指被测齿轮与理想精确的测量齿轮作双面啮合时，在被测齿轮转过一个齿距角内，双啮中心距的最大变动量。

在双面啮合仪上测量径向综合总偏差 $\Delta F_i''$ 的同时可以测出一齿径向综合偏差 $\Delta f_i''$，即图 8-4（b）中小波纹的最大幅值。一齿径向综合偏差 $\Delta f_i''$ 主要反映了短周期径向误差（基节偏差和齿廓偏差）的综合结果，但由于这种测量方法受左右齿面误差的共同影响，故评定传动平稳性不精确。

2）齿廓总偏差 ΔF_α

齿廓总偏差是指实际齿廓偏离设计齿廓的量值，其在端平面内且垂直于渐开线齿廓的方向计值。当无其他限定时，设计齿廓是指端面齿廓。在齿廓总偏差曲线中（见图 8-5），点画线代表设计齿廓，粗实线代表实际渐开线齿廓。ΔF_α 是指在计值范围内，包容实际齿廓迹线的两条设计齿廓迹线间的距离，如图 8-5 所示。

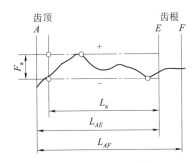

图 8-5 齿廓总偏差

E—有效齿廓起始点；F—可用齿廓起始点；

L_a—齿廓计值范围；L_{AE}—有效长度；L_{AF}—可用长度

齿廓总偏差主要是由刀具的齿形误差、安装误差以及机床分度链误差造成的。存在齿廓

247

总偏差的齿轮啮合时，齿廓的接触点会偏离啮合线，如图 8-6 所示。两啮合齿应在啮合线上 a 点接触，由于齿轮有齿廓总公差，使接触点偏离了啮合线，在啮合线外 a′点发生啮合，引起瞬时传动比的变化，从而破坏了传动平稳性。ΔF_{α} 通常用万能渐开线检查仪或单圆盘渐开线检查仪进行测量。

图 8-7 所示为单圆盘检查仪，将被测齿轮与直径等于被测齿轮基圆直径的基圆盘装在同一心轴上，并使基圆盘与装在滑座上的直尺相切，当滑座移动时，直尺带动基圆盘和齿轮无滑动地转动，量头与被测齿轮的相对运动轨迹是理想渐开线。如果被测齿轮齿廓没有误差，则千分尺的测头不动，即表针的读数为零。如果实际齿廓存在误差，则千分表读数的最大差值就是齿廓总偏差值。

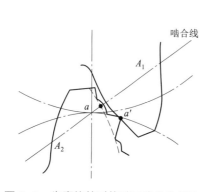

图 8-6　齿廓偏差对传动平稳性的影响

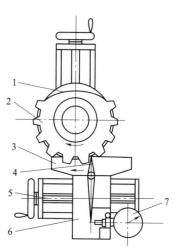

图 8-7　单圆盘渐开线检查仪

1—基圆盘；2—被测齿轮；3—直尺；4—杠杆；
5—丝杠；6—拖板；7—指示表

3）单个齿距偏差 Δf_{pt}

Δf_{pt} 是指在端平面上接近齿高中部的一个与齿轮轴线同心的圆上，实际齿距与理论齿距的代数差，如图 8-8 所示。单个齿距偏差的测量方法与齿距总公差的测量方法相同，只是数据处理方法不同。用相对法测量时，理论齿距是所有实际齿距的平均值。

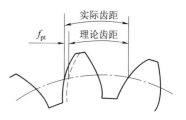

图 8-8　单个齿距偏差

3. 影响载荷分布均匀性的误差及测量

由于齿轮的制造和安装误差，故一对齿轮在啮合过程中沿齿长方向和齿高方向都不是全齿接触，实际接触线只是理论接触线的一部分，影响了载荷分布的均匀性。国标规定用螺旋线偏差来评定载荷分布均匀性。

螺旋线总偏差 ΔF_{β} 是指在端面基圆切线方向上，实际螺旋线对设计螺旋线的偏离量。在螺旋线总偏差曲线中（见图 8-9），点画线代表设计螺旋线，粗实线代表实际螺旋线。ΔF_{β} 可以采用展成法或坐标法在齿向检查仪、渐开线螺旋检查仪、螺旋角检查仪和三坐标测量机等仪器上测量。

影响载荷分布
均匀性的误差

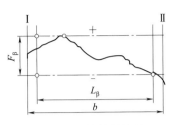

图 8-9　螺旋线总偏差

Ⅰ—基准面；Ⅱ—非基准面；b—齿宽或两端倒角之间的距离；L_β—螺旋线计值范围

4. 影响齿轮副侧隙的偏差及测量

为了保证齿轮副的齿侧间隙，就必须控制轮齿的齿厚，齿轮轮齿的减薄量可由齿厚偏差和公法线长度偏差来控制。

影响齿轮副
侧隙的偏差

1）齿厚偏差

齿厚偏差是指在分度圆柱上，齿厚的实际值与公称值之差（对于斜齿轮齿厚是指法向齿厚），如图 8-10 所示。齿厚上偏差代号为 E_{sns}，下偏差代号为 E_{sni}。齿厚偏差可以用齿厚游标卡尺来测量，如图 8-11 所示。由于分度圆柱面上的弧齿厚不便测量，所以通常都是测量分度圆弦齿厚。

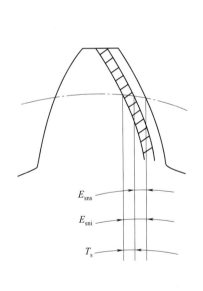

图 8-10　齿厚偏差

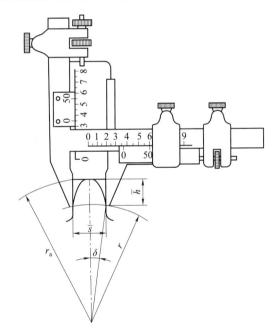

图 8-11　齿厚偏差的测量

对于标准圆柱齿轮分度圆公称弦齿厚 $\bar{s}$ 为

$$\bar{s} = mz\sin\frac{90°}{z} \qquad (8-1)$$

分度圆公称弦齿高 $\bar{h}$ 为

$$\overline{h} = m\left[1 + \frac{z}{2}\left(1 - \cos\frac{90°}{z}\right)\right] \tag{8-2}$$

式中　m——模数；

　　　z——齿数。

齿厚测量是以齿顶圆为测量基准，测量结果受齿顶圆加工误差的影响，因此，必须保证齿顶圆的精度，以降低测量误差。

2）公法线长度偏差

公法线长度偏差是指齿轮一圈内，实际公法线长度 W_{ka} 与公称公法线长度 W_k 之差。公法线长度上偏差代号为 E_{bns}，下偏差代号为 E_{bni}。

如图 8-12 所示，标准直齿圆柱齿轮的公称公法线长度 W_k 等于 $k-1$ 个基节和一个基圆齿厚之和，即

$$\begin{aligned} W_k &= (k-1)p_b + s_b \\ &= m\cos\alpha\left[(k-0.5)\pi + z\,inv\alpha\right] \end{aligned} \tag{8-3}$$

式中　$inv\alpha$——渐开线函数，$inv20° = 0.014$；

　　　k——跨齿数。

对于齿形角 $\alpha = 20°$ 的标准齿轮，$k = \dfrac{z}{9} + 0.5$；通常 k 值不为整数，计算 W_k 时，应将 k 值化整为最接近计算值的整数。

公法线长度偏差可以在测量公法线长度变动时同时测出，为避免机床运动偏心对评定结果的影响，公法线长度应取平均值。公法线平均长度偏差即为各公法线长度的平均值与公称值之间的差值。

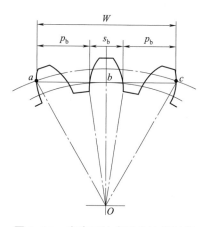

图 8-12　直齿圆柱齿轮公法线长度

知识点 3　齿轮精度标准及其在图样上的标注

1. 精度等级及其选择

国标 GB/T 10095.1、2—2008 对渐开线圆柱齿轮除 F_i'' 和 f_i''（F_i'' 和 f_i'' 规定了 4~12 共 9 个精度等级）以外的评定项目规定了 0、1、2、3、…、12

齿轮精度
及其标注

共 13 个精度等级，其中 0 级最高，12 级精度最低。在齿轮的 13 精度等级中，0~2 级一般的加工工艺难以达到，是有待发展的级别；3~5 级为高精度级；6~9 级为中等精度级，使用最广；10~12 级为低精度级。

齿轮精度等级的选择应考虑齿轮传动的用途、使用要求、工作条件以及其他技术要求，在满足使用要求的前提下，应尽量选择较低精度的公差等级。对齿轮工作和非工作齿面可规定不同的精度等级，或对于不同的偏差可规定不同的精度等级，也可仅对工作齿面规定要求的精度等级。精度等级的选择方法有计算法和类比法。

1）计算法

计算法是根据整个传动链的精度要求，通过运动误差计算确定齿轮的精度等级；或者已知传动中允许的振动和噪声指标，通过动力学计算确定齿轮的精度等级；也可以根据齿轮的承载要求，通过强度和寿命计算确定齿轮的精度等级。计算法一般用于高精度齿轮精度等级的确定中。

2）类比法

类比法是根据生产实践中总结出来的同类产品的经验资料，经过对比选择精度等级。在生产实际中类比法较为常用。

表 8-1 列出了各类机械中齿轮精度等级的应用范围，表 8-2 列出了齿轮精度等级与圆周速度的应用范围，选用时可作参考。

表 8-1　各类机械中齿轮精度等级的应用范围

应用范围	精度等级	应用范围	精度等级
测量齿轮	2~5	重型汽车	6~9
汽轮机减速器	3~6	一般减速器	6~9
精密切削机床	3~7	拖拉机	6~9
一般切削机床	5~8	轧钢机	6~10
内燃或电气机车	6~7	起重机	7~10
航空发动机	4~8	矿用绞车	8~10
轻型汽车	5~8	农业机械	8~11

表 8-2　齿轮精度等级与圆周速度的应用范围

精度等级	应用范围	圆周速度/（m·s⁻¹）	
		直齿	斜齿
4	高精度和精密分度机构的末端齿轮	>30	>50
	极高速的透平齿轮		>70
	要求极高的平稳性和无噪声的齿轮	>35	>70
	检验 7 级精度齿轮的测量齿轮		
5	高精度和精密分度机构的中间齿轮	>15~30	>30~50
	很高速的透平齿轮，高速重载、重型机械进给齿轮		>30
	要求高的平稳性和无噪声的齿轮	>20	>35
	检验 8~9 级精度齿轮的测量齿轮		

续表

精度等级	应用范围	圆周速度/（m·s⁻¹）	
		直齿	斜齿
6	一般分度机构的中间齿轮，Ⅲ级和Ⅲ级以上精度机床中的进给齿轮	>10~15	15~30
	高速、高效率、重型机械传动中的动力齿轮		<30
	高速传动中的平稳和无噪声的齿轮	≤20	≤35
	读数机构中的精密传动齿轮		
7	Ⅳ级和Ⅳ级以上精度机床中的进给齿轮	>6~10	>8~15
	高速与适度功率下或适度速度与大功率下的动力齿轮	<15	<25
	有一定速度的减速器齿轮，有平稳性要求的航空齿轮及船舶和轿车的齿轮	≤15	≤25
	读数机构齿轮，具有非直齿的速度齿轮		
8	一般精度机床齿轮	<6	<8
	中等速度、较平稳工作的动力齿轮，一般机器中的普通齿轮	<10	<15
	中等速度、较平稳工作的汽车及拖拉机和航空齿轮	≤10	≤15
	普通印刷机中的齿轮		
9	用于不提出精度要求的工作齿轮	≤4	≤6
	没有传动要求的手动齿轮		

2. 检验项目的选择及其图样标注

GB/T 10095.1—2008 规定齿距累积总偏差 ΔF_p、齿距累积偏差 ΔF_{pk}、单个齿距偏差 Δf_{pt}、齿廓总偏差 ΔF_α、螺旋线总偏差 ΔF_β、齿厚偏差 ΔE_{sn} 或公法线长度极限偏差 ΔE_{bn} 是齿轮的必检项目，其余的非必检项目由采购方和供货方协商确定。

国标规定，齿轮的检验项目具有相同精度等级时，只需标注精度等级和标准号。例如 8 GB/T 10095.1—2008 或 8 GB/T 10095.2—2008 表示检验项目精度等级同为 8 级的齿轮。

若齿轮各检验项目的精度等级不同，则须在精度等级后面用括弧加注检验项目。例如 6（F_α）7（F_p，F_β）GB/T 10095.1—2008 表示齿廓总公差 F_α 为 6 级精度、齿距累积总公差 F_p 和螺旋线总公差 F_β 均为 7 级精度的齿轮。

知识点 4　齿轮齿厚偏差的测量

1. 检测设备及测量原理说明

检测用齿厚游标卡尺的主要技术规格：分度值 0.02 mm；测量齿轮模数范围 m 为 1~16。

为保证齿轮在传动中形成有侧隙的传动，主要是通过在加工齿轮时，将

齿厚游标卡尺测量齿轮齿厚

齿条刀具由公称位置向齿轮中心做一定位移，使加工出来的轮齿的齿厚也随之减薄，因而可测量齿厚来反映齿轮传动时齿侧间隙的大小，通常是测量分度圆上的弦齿厚。分度圆弦齿厚可用齿轮游标卡尺，以齿顶圆作为测量基准来测量，如图 8-13 所示。测量时，所需数据可按公式计算或查表。

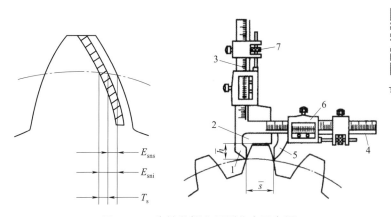

齿厚偏差测量

图 8-13　齿轮游标卡尺测分度圆齿厚

1—固定量爪；2—高度定位尺；3—垂直游标尺高度板；4—水平游标尺；

5—活动量爪；6—游标框架；7—调整螺母

2. 检测步骤

（1）根据被测齿轮的参数和对齿轮的精度要求，按公式（8-1）和公式（8-2）计算 $\bar{h}$、$\bar{s}$ 或查表 8-8。

（2）用外径千分尺测量齿轮齿顶圆实际直径 $d_{a实际}$，按 $\left[\bar{h}+\dfrac{1}{2}\left(d_{a实际}-d_a\right)\right]$ 修正 $\bar{h}$ 值，得 $\bar{h}'$。

（3）按 $\bar{h}'$ 值调整游标测齿卡尺的垂直游标尺高度板 3 的位置，然后将其游标加以固定。

（4）将游标测齿卡尺置于被测轮齿上，使垂直游标尺的高度板 3 与齿轮齿顶可靠地接触，然后移动水平游标尺 4 的量爪，使它和另一量爪分别与轮齿的左、右齿面接触（齿轮齿顶与垂直游标尺的高度板 3 之间不得出现空隙），从水平游标尺 4 上读出弦齿厚实际值 $\bar{s}_{实际}$。

在相对 180° 分布的两个齿上测量，测得的齿厚实际值 $\bar{s}_{实际}$ 与齿厚公称值 $\bar{s}$ 之差即为齿厚偏差 ΔE_{sn}，取其中的最大值和最小值作为测量结果。按实验报告要求将测量结果填入报告内。

（5）按齿轮图上给定的齿厚上偏差 E_{sns} 和下偏差 E_{sni}（$E_{sni} \leqslant \Delta E_{sn} \leqslant E_{sns}$），判断被测齿轮的合格性。

（6）完成检测报告，对检测结果进行分析与评定。

（7）擦净量仪及工具，整理现场。

为了使用方便，按式（8-1）和式（8-2）计算出模数为 1 mm 各种不同齿数齿轮的 $\bar{h}$ 和 $\bar{s}$，列于表 8-3 中。

表 8-3　$m=1$ mm 时标准齿轮分度圆公称弦齿高 $\bar{h}$ 和公称弦齿厚 $\bar{s}$ 的数值

齿数 z	$\bar{h}$/mm	$\bar{s}$/mm	齿数 z	$\bar{h}$/mm	$\bar{s}$/mm	齿数 z	$\bar{h}$/mm	$\bar{s}$/mm
17	1.036 3	1.568 6	28	1.022 0	1.570 0	39	1.015 8	1.570 4
18	1.034 2	1.568 8	29	1.021 2	1.570 0	40	1.015 4	1.670 4
19	1.032 4	1.569 0	30	1.020 5	1.570 1	41	1.015 0	1.570 4
20	1.030 8	1.569 2	31	1.019 9	1.570 1	42	1.014 6	1.570 4
21	1.029 4	1.569 3	32	1.019 3	1.570 2	43	1.014 3	1.570 4
22	1.028 0	1.569 4	33	1.018 7	1.570 2	44	1.014 0	1.570 5
23	1.026 8	1.569 5	34	1.018 1	1.570 2	45	1.013 7	1.570 5
24	1.025 7	1.569 6	35	1.017 6	1.570 3	46	1.013 4	1.570 5
25	1.024 7	1.569 7	36	1.017 1	1.570 3	47	1.013 1	1.570 5
26	1.023 7	1.569 8	37	1.016 7	1.570 3	48	1.012 8	1.570 5
27	1.022 8	1.569 8	38	1.016 2	1.570 3	49	1.012 6	1.570 5

知识点 5　齿轮公法线长度偏差的测量

1. 检测设备及测量原理说明

检测用公法线千分尺的主要技术规格：分度值 0.01 mm，测量范围 25～50 mm。

公法线长度 W 是指与两异名齿廓相切的两平行平面间的距离（见图 8-14），该两切点的连线切于基圆，因而选择适当的跨齿数，则可使公法线长度在齿高中部量得。与测量齿厚相比较，测量公法线长度时测量精度不受齿顶圆直径偏差和齿顶圆柱面对齿轮基准轴线的径向圆跳动的影响。

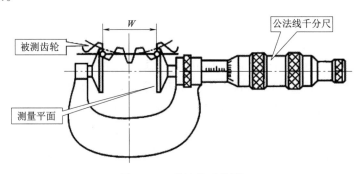

图 8-14　公法线千分尺

齿轮公法线长度根据不同精度的齿轮，可用游标卡尺、公法线百分尺、公法线指示卡规和专用公法线卡规等任何具有两平行平面量脚的量具或仪器进行测量，但必须使量脚能插进被测齿轮的齿槽内，与齿侧渐开线面相切。

公法线长度偏差 ΔE_W 是指实际公法线长度与公称公法线长度 W_k 之差，直齿轮的公称公法线长度按公式计算或查表。

2. 检测步骤

（1）根据被测齿轮参数和精度及齿厚要求按式（8-3）～式（8-5）计算或查表 8-4 确定 W、k、E_{ws}、E_{wi} 的值。

表 8-4　标准直齿圆柱齿轮的跨齿数和公法线长度的公称值（$\alpha = 20°$，$m = 1$，$\xi = 1$）

齿数 z	跨齿数 k	公法线长度 W/mm	齿数 z	跨齿数 k	公法线长度 W/mm
17	2	4.666	34	4	10.809
18	3	7.632	35	4	10.823
19	3	7.646	36	5	13.789
20	3	7.660	37	5	13.803
21	3	7.674	38	5	13.817
22	3	7.688	39	5	13.831
23	3	7.702	40	5	13.845
24	3	7.716	41	5	13.859
25	3	7.730	42	5	13.873
26	3	7.744	43	5	13.887
27	4	10.711	44	5	13.901
28	4	10.725	45	5	16.867
29	4	10.739	46	6	16.881
30	4	10.753	47	6	16.895
31	4	10.767	48	6	16.909
32	4	10.781	49	6	16.923
33	4	10.795			

（2）熟悉量具，并调试（或校对）零位：将标准校对棒放入公法线千分尺的两测量面之间校对零位，记下校对格数。

（3）跨相应的齿数，沿着轮齿三等分的位置测量公法线长度，记入实验报告。

（4）整理测量数据，并做适用性结论。

（5）检测结束，清洗量具，整理现场。

附：公法线平均长度的上偏差及下偏差的计算：

上偏差　　　　　　$$E_{bns} = E_{sns}\cos\alpha - 0.72F_r\sin\alpha \qquad (8-4)$$

下偏差　　　　　　$$E_{bni} = E_{sni}\cos\alpha + 0.72F_r\sin\alpha \qquad (8-5)$$

式中　E_{sns}——齿厚的上偏差；

E_{sni}——齿厚的下偏差；

F_r——齿圈径向跳动公差；

α——压力角。

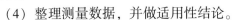
公法线千分尺
测量齿轮参数

知识点 6　齿轮径向跳动的测量

齿轮径向跳动
误差的测量

1. 检测仪器及测量原理说明

应用齿轮径向跳动测量仪测量齿轮的径向跳动。齿轮径向跳动测量仪的主要技术规格：

255

被测齿轮模数 m 的范围为 1~6 mm，被测工件的最大直径为 $\phi300$ mm，两顶尖间最大距离为 418 mm。

齿轮径向跳动测量仪的外形如图 8-15 所示。测量时，把盘形齿轮用心轴安装在顶尖架的两个顶尖之间（该齿轮的基准孔与心轴成无间隙配合，用心轴模拟体现该齿轮的基准轴线），或把齿轮轴直接安装在两个顶尖之间。指示表的位置固定后，使安装在指示表测杆上的球形测头或锥形测头在齿槽内与齿高中部双面接触。测头的尺寸大小应与被测齿轮的模数协调，以保证测头在接近齿高中部与齿槽双面接触。用测头依次逐齿槽地测量其相对于齿轮基准轴线的径向位移，该径向位移由指示表的示值反映出来。指示表的最大示值与最小示值之差即为齿轮径向跳动 ΔF_r 的数值。

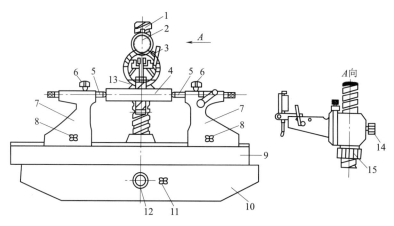

图 8-15　齿圈径向跳动测量仪

1—圆柱；2—指示表；3—指示表测量扳手；4—心轴；5—顶尖；6—顶尖锁紧螺钉；
7—顶尖座；8—顶尖座锁紧螺钉；9—滑台；10—底座；11—滑台锁紧螺钉；
12—滑台移动手轮；13—被测齿轮；14—指示表架锁紧螺钉；15—升降螺母

2. 检测步骤

（1）在量仪上调整指示表测头与被测齿轮的位置。

根据被测齿轮的模数，选择尺寸合适的测头，将其安装在指示表 2 的测杆上（实验时已装好）。把被测齿轮 13 安装在心轴 4 上（该齿轮的基准孔与心轴成无间隙配合），然后把该心轴安装在两个顶尖 5 之间。注意调整这两个顶尖之间的距离，使心轴无轴向窜动，且能转动自如。松开滑台锁紧螺钉 11，转动手轮 12 使滑台 9 移动，从而使测头大约位于齿宽中间，然后再将滑台锁紧螺钉 11 锁紧。

（2）调整量仪指示表示值零位。

放下指示表测量扳手 3，松开指示表架锁紧螺钉 14，转动升降螺母 15，使测头随表架下降到与某个齿槽双面接触，把指示表 2 的指针压缩（正转）1~2 圈，然后将指示表架锁紧螺钉 14 紧固。转动指示表的表盘（分度盘），把表盘的零刻线对准指示表的指针，确定指示表的示值零位。

（3）测量。

抬起指示表测量扳手 3，把被测齿轮 13 转过一个齿槽，然后放下指示表测量扳手 3，使测头进入齿槽内，与该齿槽双面接触，并记下指示表的示值。这样依次测量其余的齿槽，从各次示值中找出最大示值和最小示值，它们的差值即为齿轮径向跳动 ΔF_r 的数值。在回转一圈后，指示表的"原点"应不变（如有较大的变化需检查原因）。

（4）查表 8-5 确定齿圈径向跳动公差 F_r，判断被测齿轮的合格性。

（5）清洗量仪、工件，整理现场。

表 8-5　齿轮径向跳动公差 F_r 值（摘自 GB/T 10095.2—2008）

μm

分度圆直径 d/mm	法向模数 m_n/mm	精度等级										
		2	3	4	5	6	7	8	9	10	11	12
50<d≤125	0.5≤m_n≤2	5.0	7.5	10	15	21	29	42	59	83	118	167
	2<m_n≤3.5	5.5	7.5	11	15	21	30	43	61	86	121	171
	3.5<m_n≤6	5.5	8.0	11	16	22	31	44	62	88	125	176

知识点 7　齿轮齿距累积总偏差和单个齿距偏差的测量

1. 检测仪器及测量原理说明

用齿距检查仪按相对法测量齿轮齿距偏差。检测用齿轮齿距检查仪的主要技术规格：分度值有 0.005 mm、0.001 mm，测量被测齿轮模数 m 的值为 3～15 mm、2～16 mm。

本实验是用齿轮齿距检查仪以单齿相对测量法测量，如图 8-16 所示。图 8-16 中可调式固定量爪 4 按模数确定，活动量爪 3 通过杠杆系统在指示表上反映其变化数值；为了保证在同一个圆周进行测量，用一对定位量爪 2 在齿顶圆上定位。

齿轮单个齿距
偏差的测量

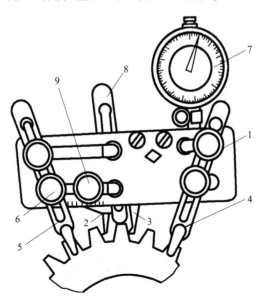

图 8-16　齿距检查仪测量齿距偏差

1—仪器本体；2—定位量爪；3—活动量爪；4—固定量爪；

5—固紧螺钉；6—紧固螺钉；7—指示表

测量时以被测齿轮本身任一实际齿距为基准，调整定位量爪，使固定量爪与活动量爪大约在分度圆上两相邻同名齿廓相接触，并将指示表对准零位，随后逐齿测量，将测量结果进行数据处理，即可得到齿距累积总偏差 ΔF_p 和单个齿距偏差 Δf_{pt}。

2. 测量步骤

根据被测齿轮的参数、精度要求，查表 8-6 得齿轮齿距累积总公差 F_p 值，查表 8-7 得齿轮单个齿距极限偏差 $\pm f_{pt}$ 值。

表 8-6　齿轮齿距累积总公差 F_p 值（摘自 GB/T 10095.1—2008）

μm

分度圆直径 d/mm	法向模数 m_n/mm	精度等级										
		2	3	4	5	6	7	8	9	10	11	12
50<d≤125	0.5≤m_n≤2	6.5	9.0	13.0	18.0	26.0	37.0	52.0	74.0	104.0	147.0	208.0
	2<m_n≤3.5	6.5	9.5	13.0	19.0	27.0	38.0	53.0	76.0	107.0	151.0	241.0
	3.5<m_n≤6	7.0	9.5	14.0	19.0	28.0	39.0	55.0	78.0	110.0	156.0	220.0

表 8-7　齿轮单个齿距极限偏差 $\pm f_{pt}$ 值（摘自 GB/T 10095.1—2008）

μm

分度圆直径 d/mm	法向模数 m_n/mm	精度等级										
		2	3	4	5	6	7	8	9	10	11	12
50<d≤125	0.5≤m_n≤2	1.9	2.7	3.8	5.5	7.5	11.0	15.0	21.0	30.0	43.0	61.0
	2<m_n≤3.5	2.1	2.9	4.1	6.0	8.5	12.0	17.0	23.0	33.0	47.0	66.0
	3.5<m_n≤6	2.3	3.2	4.6	6.5	9.0	13.0	18.0	26.0	36.0	52.0	73.0

（1）将仪器安装在检验平板上。

（2）根据被测齿轮模数，调整固定量爪 4 的位置，即松开固定量爪的紧固螺钉 6，使固定量爪上的刻线对准壳体上的刻度（即模数）。例如，被测齿轮模数为 5，则将固定量爪的刻线对准壳体上的刻线 5，对好后，固紧紧固螺钉 6。

（3）使固定量爪 4 和活动量爪 3 大致在被测齿轮的分度圆上与两相邻轮齿接触，同时将两定位量爪 2 都与齿顶圆接触，且使指示表指针有一定的压缩量（压缩一圈左右），对好后用四个螺钉 5 固紧。

（4）手扶齿轮，使定位量爪 2 与齿顶圆紧密接触，并使固定量爪 4 和活动量爪 3 与被测齿面接触（用力均匀，力的方向一致），使指示表的指针对准零位（旋转表盘壳，使指示表指针与刻度盘的零位重合），可多次重复调整，直至示值稳定为止，以此实际齿距作为测量基准。

（5）对齿轮逐齿进行测量，量出各实际齿距对测量基准的偏差（方法与上述相同，但不可转动表壳，应直接读出偏差值），将所测得的数据逐一记入实验报告的表格内（注：齿轮测量一周后，回到作为测量基准的齿距上时，指示表读数应回到零，如变化过大，则必须找出原因进行分析）。

（6）按要求整理测量数据，完成检测报告，并作出评定结论。

（7）清洁仪器、用具及工件，整理好现场。

3. 测量数据的处理

求齿距累积总偏差 ΔF_p 和单个齿距偏差 Δf_{pt}。

测量数据的处理方法可用计算法和作图法，现以 $m = 4$ mm，$z = 12$ 的齿轮为例。

（1）计算法见表 8-8，其步骤如下。

①按顺序将测出的各齿齿距相对于测量基准的偏差值即读数值记录在测量结果表中。

②将读数值累加（$\sum \Delta_i$），求出平均齿距偏差即修正值：

$$K = \frac{\sum\limits_{1}^{z} \Delta_i}{z} = \frac{+18}{12} = +1.5$$

③齿距偏差为 Δf_{pt}，即在分度圆上的实际齿距与公称齿距之差。用相对法测量时，公称齿距是指所有实际齿距的平均值，故此例齿距偏差的最大值在第 6 齿序上，其值为 +3.5 μm（第 12 齿序为 -3.5 μm）。

④按齿距累积总偏差 ΔF_p 的定义，其应为分度圆上，任意两同侧齿面间的实际弧长与公称弧长之差的最大绝对值。故此例在第 5~11 齿序上为

$$\Delta F_p = +3.5 - (6.5) = 10 (\mu m)$$

表 8-8　相对法测量齿距的数据处理

齿序	读数值 Δ_i	读数累加 $\Delta \sum \Delta_i$	修正值 k	Δf_{pt}	ΔF_{pt}
1	0	0		0 - (+1.5) = -1.5	-1.5
2	+1	+1		1 - (+1.5) = -0.5	-2
3	0	+1		0 - (+1.5) = -1.5	-3.5
4	+1	+2		1 - (+1.5) = -0.5	-4
5	-1	+1		-1 - (+1.5) = -2.5	-6.5
6	+5	+6	+1.5	5 - (+1.5) = +3.5	-3
7	+3	+9		3 - (+1.5) = +1.5	-1.5
8	+4	+13		4 - (+1.5) = +2.5	+1
9	+2	+15		2 - (+1.5) = +0.5	+1.5
10	+3	+18		3 - (+1.5) = +1.5	+3
11	+2	+20		2 - (+1.5) = +0.5	+3.5
12	-2	+18		-2 - (+1.5) = -3.5	0
修正值 $k = \dfrac{\sum\limits_{1}^{z} \Delta_i}{z} = \dfrac{+18}{12} = +1.5$				$\Delta f_{pt} = \pm 3.5$	
				$\Delta F_{pt} = +3.5 - (-6.5) = 10$	

（2）作图法见图8-17，作图法顺序如下。

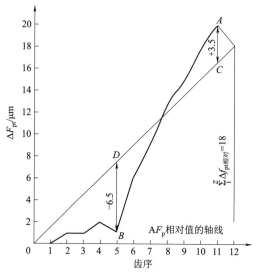

图8-17　作图法

①以横坐标代表齿序，纵坐标为齿距累积误差ΔF_{pi}，将各齿的$\Delta f_{pt相对}$（即读数值以前一齿为起点）直接标在坐标图上。

②绘出如图8-17所示的折线，最后连接首尾两点，该线便是该齿轮齿距累积总偏差的相对坐标轴线，然后从折线的最高点A和最低点B分别向此斜线作平行于纵坐标的直线，与斜线相交于C点和D点，AC和BD两线段之和即为最大齿距累积总偏差值：

$$\Delta F_p = +3.5 - (6.5) = 10(\mu m)$$

知识点8　齿轮径向综合总偏差和一齿径向综合偏差的测量

径向综合总偏差$\Delta F_i''$是指被测齿轮与测量齿轮双面啮合时（前者左、右齿面同时与后者齿面接触），在被测齿轮一转内双啮中心距的最大值与最小值之差。一齿径向综合偏差$\Delta f_i''$是指在被测齿轮一转中对应一个齿距角（$360°/z$，z为被测齿轮的齿数）范围内的双啮中心距变动量，取其中的最大值$\Delta f_{i\max}''$作为评定值。其测量记录如图8-18所示。

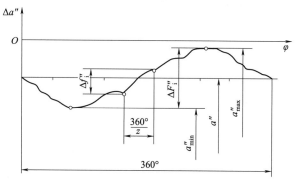

图8-18　双啮仪测量记录曲线

φ—被测齿轮的转角；$\Delta a''$—指示表示值；z—被测齿轮的齿数

1. 检测仪器及测量原理说明

齿轮双面啮合检查仪的主要技术规格：齿轮轴心线间距离为 50~300 mm，可测齿轮模数 m 为 1~10 mm。应用齿轮双面啮合检查仪和测量齿轮，使测量齿轮与被检验的齿轮在双面啮合的情况下，记录被检验齿轮回转一周时啮合中心距的变化曲线。

齿轮双面啮合综合测量是将被检验的齿轮（称为被测齿轮）与测量齿轮（精度比被测齿轮高二级以上的高精度齿轮）无侧隙双面啮合，当被测齿轮回转一周时，通过两齿轮双面啮合中心距的变动数值来评定齿轮的加工精度。它是一种综合测量方法，测量简便，效率高，在成批大量生产中应用广泛。但由于它不能反映运动偏心的影响，与齿轮实际工作的情况又不完全符合，故还不能用以全面评定齿轮的使用质量。

齿轮双面啮合综合测量仪的外形如图 8-19 所示。量仪底座 12 的导轨上安放着测量时位置固定的滑座 1 和测量时可移动的滑座 2，它们的心轴上分别安装有被测齿轮 9 和测量齿轮 8。按齿轮的参数、精度和齿厚偏差计算双面啮合时的公称中心距，在仪器的标尺上按计算的中心距调整，两齿轮在弹簧力的作用下双面啮合。在两齿轮对滚时其中心距由于齿轮的误差而变化，此变化值可通过指示表 6 读数或由记录器 7 绘出误差曲线（见图 8-18），最后按其中心距的变化分析齿轮的加工误差。在被测齿轮一转内，双啮中心距的最大变动量称为径向综合总偏差 $\Delta F_i''$；在被测齿轮齿距角内，双啮中心距的最大变动量称为一齿径向综合偏差 $\Delta f_i''$。

齿轮一齿径向
综合测量

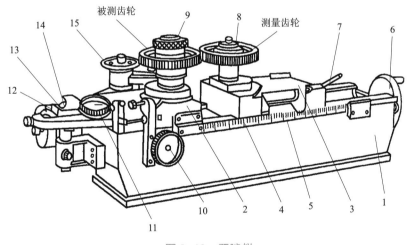

图 8-19 双啮仪

1—固定滑座；2—移动滑座；3—手轮；4—销钉；5—螺钉；6—指示表；7—记录器；
8—测量齿轮；9—被测齿轮；10—手柄；11—手轮；12—底座

2. 检测步骤

根据被测齿轮的参数和精度要求，查表 8-9 得齿轮径向综合总公差 F_i'' 的值，查表 8-10 得齿轮一齿径向综合公差 f_i'' 的值。

表 8-9　齿轮径向综合总公差 F_i'' 值（摘自 GB/T 10095.2—2008）

μm

分度圆直径 d/mm	法向模数 m_n/mm	精度等级								
		4	5	6	7	8	9	10	11	12
50<d≤125	1.5≤m_n≤2.5	15	22	31	43	61	86	122	173	244
	2.5<m_n≤4.0	18	25	36	51	72	102	144	204	288
	4.0<m_n≤6.0	22	31	44	62	88	124	176	248	351

表 8-10　齿轮一齿径向综合公差 f_i'' 值（摘自 GB/T 10095.2—2008）

μm

分度圆直径 d/mm	法向模数 m_n/mm	精度等级								
		4	5	6	7	8	9	10	11	12
50<d≤125	1.5≤m_n≤2.5	4.5	6.5	9.5	13	19	26	37	53	75
	2.5<m_n≤4.0	7.0	10	14	20	29	41	58	82	116
	4.0<m_n≤6.0	11	15	22	31	44	62	87	123	174

（1）了解仪器的结构原理和操作程序。

（2）根据被测齿轮的参数选择测量齿轮和计算公称的双啮中心距 a。

（3）将指示表 6 装在支架上，将记录纸装在圆筒上，并压紧。

（4）将测量齿轮 8 和被测齿轮 9 分别安装在移动滑座 2 和固定滑座 1 的心轴上。按逆时针方向转动手轮 3，直至手轮 3 转动到滑座 2 向左移动被销钉 4 挡住为止。此时，滑座 2 大致停留在可移动范围的中间；然后松开手柄 10，转动手轮 11，使滑座 1 移向滑座 2，按计算的公称双啮中心距使固定滑座上的指标线对准底座 12 上的刻度线，将手柄 10 压紧，使滑座 1 的位置固定。之后，按顺时针方向转动手轮 3，由于弹簧的作用，滑座 2 向右移动，这两个齿轮便无侧隙双面啮合。

（5）调整螺钉 5 的位置，使指示表 6 的指针因弹簧压缩而正转 1~2 r，并把螺钉 5 的紧定螺母拧紧。转动指示表 6 的表盘（分度盘），把表盘上的零刻线对准指示表的指针，以确定指示表的示值零位。使用记录器 7 时，应在滚筒上裹上记录纸，并把记录笔调整到中间位置。

（6）顺时针方向缓慢而均匀地转动测量齿轮，使被测齿轮旋转一周，注意指示表的读数与记录器的记录是否一致。

（7）取下记录曲线的坐标纸，找出被测齿轮一转内曲线的最大幅度值，即为径向综合总偏差 $\Delta F_i''$；找出在被测齿轮的一齿距角内曲线的最大幅度值，即为一齿径向综合偏差 $\Delta f_i''$。

（8）根据齿轮的技术要求，按 $\Delta F_i''≤f_i''$ 和 $\Delta f_i''≤f_i''$ 判断合格性。

（9）清洗仪器，整理现场。

参 考 文 献

［1］ 周彩荣. 互换性与测量技术［M］. 北京：机械工业出版社，2011.

［2］ 赵丽娟，冷岳峰. 机械几何量精度设计与检测［M］. 北京：清华大学出版社，2011.

［3］ 甘永立. 几何量公差与检测［M］. 10 版. 上海：上海科学技术出版社，2013.

［4］ 徐茂功. 公差配合与技术测量［M］. 4 版. 北京：机械工业出版社，2017.

［5］ 王伯平. 互换性与测量技术基础［M］. 北京：机械工业出版社，2018.

［6］ 全国产品尺寸和几何技术规范标准化技术委员会. 优先数和优先数系：GB/T 321—2005［S］. 北京：中国标准出版社，2005.

［7］ 全国产品尺寸和几何技术规范标准化技术委员会. 产品几何技术规范（GPS）极限与配合第 1 部分：公差、偏差和配合的基础：GB/T 1800.1—2009［S］. 北京：中国标准出版社，2009.

［8］ 全国产品尺寸和几何技术规范标准化技术委员会. 产品几何技术规范（GPS）极限与配合第 2 部分：标准公差等级和孔、轴极限偏差表：GB/T 1800.2—2009［S］. 北京：中国标准出版社，2009.

［9］ 全国产品尺寸和几何技术规范标准化技术委员会. 产品几何技术规范（GPS）极限与配合公差带和配合的选择：GB/T 1801—2009［S］. 北京：中国标准出版社，2009.

［10］ 全国产品尺寸和几何技术规范标准化技术委员会. 一般公差未注公差的线性和角度尺寸的公差：GB/T 1804—2000［S］. 北京：中国标准出版社，2000.

［11］ 全国量具量仪标准化技术委员会. 几何量技术规范（GPS）长度标准量块：GB/T 6093—2001［S］. 北京：中国标准出版社，2004.

［12］ 全国产品尺寸和几何技术规范标准化技术委员会. 品几何技术规（GPS）几何公差形状、方向、位置和跳动公差标注：GB/T 1182—2008［S］. 北京：中国标准出版社，2008.

［13］ 全国产品尺寸和几何技术规范标准化技术委员会品几何技术规（GPS）公差原则：GB/T 4249—2009［S］. 北京：中国标准出版社，2009.

［14］ 国产品尺寸和几何技术规范标准化技术委员. 品几何技术规范（GPS）公差最求、最小实体要求和可逆要求：GB/T 16671—2009［S］. 北京：中国标准出版社，2009.

［15］ 全国产品几何技术规范标准化技术员会. 产品几何技术规范（GPS）几何公差 检测与验证：GB/T 1958—2017［S］北京：中国标准出版社，2017.